启真馆 出品

武士之心

The Warrior Within

李小龙的人生哲学

The Philosophies of Bruce Lee

John Little

[美] 约翰·里特 著

胡燕娟 译

ZHEJIANG UNIVERSITY PRESS

浙江大学出版社

·杭州·

图书在版编目（CIP）数据

武士之心：李小龙的人生哲学 / (美) 约翰·里特
(John Little) 著；胡燕娟译. -- 杭州：浙江大学出
版社, 2024.1
　　书名原文: The Warrior Within : The
Philosophies of Bruce Lee
　　ISBN 978-7-308-24546-3

　　Ⅰ. ①武… Ⅱ. ①约… ②胡… Ⅲ. ①李小龙(Lee,
Bruce 1940-1973)—人生哲学—通俗读物 Ⅳ.
①B821-49

中国国家版本馆 CIP 数据核字 (2023) 第 239582 号

武士之心：李小龙的人生哲学

［美］约翰·里特 (John Little) 著　　胡燕娟 译

责任编辑	凌金良
责任校对	董齐琪
装帧设计	周伟伟
出版发行	浙江大学出版社
	（杭州天目山路148号　邮政编码310007）
	（网址：http:// www.zjupress.com）
排　　版	北京楠竹文化发展有限公司
印　　刷	河北华商印刷有限公司
开　　本	880mm×1230mm　1/32
印　　张	8.75
字　　数	168千
版 印 次	2024 年 1 月第 1 版　2024 年 1 月第 1 次印刷
书　　号	ISBN 978-7-308-24546-3
定　　价	78.00元

献给我的妻子特丽，以及我们的孩子：

莱利、泰勒和布兰登

序（一）

琳　达

亲爱的最幸运的读者们：

　　某些关于李小龙的东西吸引你们拿起了这本书。你们会想到他在荧幕上的形象：一个伟大的格斗士，迅速有力，是一个值得敬畏的对手；一个体格健硕的男人，有洗衣板一样的腹肌、宽厚的三角肌和轮廓清晰的小臂；他还是一名演员，他的性格让你兴奋，让你着迷，又让你振奋。你可能还看过好多部他的电影——这些电影现在仍然是武术类电影中难以超越的经典之作。但是李小龙还是一位哲学家。这就是你们所不了解的一面了，然而这已经激起了你们的兴趣。继续往下读吧，我的朋友，因为在这本书的字里行间，约翰·里特会带你进行一次精神的探险，这是一个了解真实的李小龙的机会。

　　我跟小龙结婚九年，对他的了解很可能比大多数人都要透彻和深入。在他的公众生活中，我看到他在不断地扫清沿途的绊脚石，以达到他的目标。在他的精神生活中，我又见证他努力地克服让彼此都深感痛苦的自我怀疑和不安全感。小龙可能会是第一个告诉你他并非完人的人，更重要的是，他会说他的人生使命就是成为一个真正的人。他的旅程是一个不断进步的过程，每次都只跨一小步，而他的目的并不是达到完美的状态，而是让每根神经都完全接触身体和大脑的感觉，去体验鲜活的生命。为了达到这个目的，小龙深入地研究自己的心灵，定义和完善了自己的人生哲学。

小龙经常说，知识的探求其实都是对自我的认知，也就是说，一个人越是给自己学习的机会，这些经历就越是会丰富和增强个人的性格，成为个人身上的一部分。小龙是自学成才的典范。他的正式教育开始于华盛顿大学哲学系的第三年。他离开学校在奥克兰开设"振藩功夫馆"的时候，也并没有停止自我教育。相反，他继续追求。这种追求是从小就激励他的强大动力：个人的思想过程是如何促使他用一种优越的方式实现自己全部潜力的呢？

李小龙决心要了解自己的这种内在过程。即使在他训练体力和体能的时候，他也在训练自己的思想，寻找他无知的原因。他把注意力完全倾注于这个任务，以至于他的思想变得高度集中，同时，他又对周围的一切事物都有明确的认知——这让他成为真正的功夫之人。通过探索他内心的深度，他能够滋养个人哲学的种子，这颗种子不断发展和壮大，成就了真正的李小龙，这个李小龙在你们看来是一个强大的格斗机器。现在你们又知道，他是一个哲学家，智慧过人。

世界上不乏武士大师和体格健壮的优秀演员，有些人还成了明星，让自己的天赋得到了丰厚的回报。但是，李小龙身上的一些东西让他在全世界的追随者心中成为不可替代的偶像。在他去世之后20年里，我还在不断地收到稳定数目的信件，寄来信件的人表达了他们对李小龙的尊重和喜爱。一个13岁的小男孩写信来说，李小龙激励着他在学校做一名好学生；一个年届50的职业人士告诉我，有了李小龙的影响，他的人生才开始朝着正确的方向迈进；一个年轻女子跟我说，她因为李小龙才开始习武，她也在生活中的各个领域变得非常自信。这些故事不胜枚举，但是它们都有一个类似的主题，那就是：李小龙是一个榜样，一个英雄形象和一个真正的、有血有肉的人。

李小龙究竟有什么魔力，能不断吸引各行各业的人呢？我相信这种魔力就是他深刻的个人哲学，这种个人哲学潜移默化地通过荧幕和文字传递给观众。他的性格会让你进入他的内心世界，改变你的态度，改变你的认知，完善你的意识。这本书可以让你重塑对李小龙的记忆，或者从一个新的角度来看待他。

这本书的作者，约翰·里特就是如此。约翰从小就开始学习哲学和李小龙。他花费了巨大的精力和脑力，进行了不知疲倦的研究。他还受过良好的教育，通过他的洞察力，把李小龙的哲学跟东西方古代的大师和现代的智者作了比较。他说明了李小龙是如何把自己的哲学应用于日常生活和毕生追求中的。约翰·里特开启了一扇大门，让你们可以学习对你们有利的李小龙的生活方式，如此也能发展和培养你们自己的个人哲学。

让我们引用李小龙在《龙争虎斗》中的一句台词："截拳道就像是用手指着月亮。你不能只关注你的手指，否则就会错失天堂般的美丽景象。"你们要读懂这本书字里行间的深意，思考这些想法，感受它们，让它们成为你自己的思想。

祝你们能够精力旺盛，身体健康，内心宁静。

附记：为纪念我的儿子李国豪，惠特曼大学建立了一个戏剧奖学金。阿肯萨斯大学还以小龙和国豪的名义建立了一个医学研究奖学金。约翰·里特把这本书的大部分版税捐给了这两个奖学金。李家对他的慷慨之举深表感谢。

序（二）

李　恺

对普通大众来说，李小龙是一个著名的中国武术影星。对武术界来说，李小龙是一个功夫惊人的武士，也是新的格斗体系的创始人。但是，很少有人知道，李小龙还是一位富有创新精神的思想家、一位哲学家和一位对中国的道家哲学和禅学有着深刻理解的学者。

1967 年我在洛杉矶的振藩功夫馆进行培训，我很荣幸能成为李小龙的学生。李小龙是一位出色的老师，是 20 世纪的创新天才，他把道家的古老哲学和中国的咏春拳、现代的西方拳击技巧和空手道踢腿技艺结合在一起，创造了一个非常有效的徒手格斗体系，他把这个体系叫作截拳道（一般翻译成英语就是"截击拳头的方式"），英文全名为 Jeet Kune Do（缩写为 JKD）。他的教导让我重新理解了徒手格斗的终极真理，不仅完全改变了我的训练，而且改变了我的整个人生。

李小龙对于截拳道哲学的思想和文字在大概 16 年的时间里被印刷在很多出版物中。其中有些期刊早已消失，这使得人们很难进一步去了解李小龙的生活和哲学，也使那些渴望深入学习他技击法细节的习武人士感到沮丧。

幸运的是，我在过去一年中逐渐熟络的好友约翰·里特，就成功地学习到了李小龙的哲学。他写了这本有关李小龙哲学的权威著作，完成了这件非常重要的工作，实在值得称赞。约翰为了采集李小龙完整的书面和口述材料，花了两年多的时间，到访过至少三个大洲。他把李小龙的材料跟自己经过大量研究之后的评论结合起来，写出了这部全面的作品，这本书一共有 17 章，分为三大部分。

读者可以把这本书从头读到尾，也可以选择有趣的标题下的任何一章进行阅读，因为每一章都是关于李小龙哲学的某个方面，可以独立存在。但是把所有章节结合起来，它们就会形成一个紧密结合的整体。这本书涵盖了李小龙哲学的很多方面，包括他对于关系（不同层次的关系）的个人观点以及他克服逆境和压力的方法。约翰甚至用了一章来介绍李小龙的五部电影，他尽心尽力地描述了每部电影的有趣背景和李小龙试图向观众传达的背后隐含的信息。

这本书中还包含了约翰采访李小龙已故的儿子李国豪的片段，这个片段显示，李国豪跟他的父亲一样，也喜爱探索，充满了好奇心。这一章可以让读者窥见李国豪的生活、个性和他成为一名演员的抱负。

附录中有两篇信息量十分丰富的随笔，都是由艾伦·沃茨所写（艾伦·沃茨是一位哲学家，李小龙对他的印象格外深刻），还有一份李小龙生平与重大事件和主要作品的清单。这些对于希望更多地了解李小龙的成就和贡献的人来说是非常有价值的记录。对于一般的习武人士来说，这本书提供了一个有价值的指引，让他们可以更好地理解李小龙徒手技击法的哲学基础。这本书还为练习截拳道的人彻底探究了李小龙武术的三个修炼阶段和自我启蒙的四个步骤。

我生长在中国，在中国接受教育，在过去11年多的时间里，我在帕萨迪纳市立学院教授中国语言和文化，在萨姆拉中医学院担任医学术语的翻译和讲师，因此，我想评价一下截拳道的英文翻译。一般我们都将它译作"截击拳头的方式"，这个翻译可以接受，但是我想拓宽这个翻译的意义。"道"（普通话读 dao，粤语读 doe）这个字的意思是"自然的方式"或者"统治宇宙的创造性力量"。所以中国语言里的"截拳道"的意思应该是"遵循道之原则的截击拳"。

日语中用 do 来表示道，也是"方式""方法"的意思。所以，下面的日语单词就可以根据所指意义进行翻译：judo（柔道）；kendo（剑道）；aikido（合气道）；shodo（书法）。

中国的圣人老子在他的《道德经》中有言：

道生一，一生二，二生三，三生万物。万物负阴而抱阳，冲气以为和。

（道是创生宇宙万物的源泉。所有事物被创造的过程都是由"气"产生的，气也来自道。这种能量可以分成两种：阴能量和阳能量。宇宙中的所有事物都有阴能量和阳能量。阴能量和阳能量合在一起的时候，就产生了一种和谐的状态。）

小龙受到阴阳能量和谐共存的概念影响很深，以至于他选择了太极标志做他学校的校徽，以体现截拳道技击法的核心原则。截拳道技击法包含和使用了阴阳这两种稳固而柔韧的力量。

李小龙在太极符号周围加上了两根箭头，以进一步强调：截拳道格斗技术必须包含阴（灵活，柔软）和阳（稳固，强力）两种能量和谐的相互作用。他强调，在他的截拳道技击法中，人不会用力量对抗力量，相反，他们会用阴能量——或者说柔韧的能量——来化解对手的强大力量。

李小龙在他的文字中曾经这样比喻："坚实的树木在压力下会很容易断裂，但是竹子随风摇动，反而容易存活下来。"

他还写道："做水一样的人吧，因为水异常柔软，有韧性，没有固定的形状。但是却永远不会被击破。"

李小龙去世之后，我跟我的几个学生还在不断地练习截拳道。我仔细地遵循老师的教诲。除了练习有力的拳击和踢腿之外，我还练习太极拳和推手技艺，以用适度的阴能量来平衡我有力的阳能量。在此之后，我研究了很多道家哲学和太极拳的经典中文手稿，以更好地理解阴阳能量的本质以及发展阴阳能量的方法。

我坚信，李小龙认为截拳道需要阴和阳这两种能量。培养阳能量需要加强李小龙所谓的武术"工具"，或者说是进攻工具，比如说踢腿、拳击和抓住对手。此外，我们还必须提高协调性、精准度、速度和力量，以提高训练武术的质量。

但是，要培养阴能量，我们就应该提高身体的敏感性和灵活性，增强四肢的柔软度和灵活度，培养身心放松的状态，达到精神稳定和情绪平静的"超然"状态。这样，人就可以达到更高的训练水平，发展自动适应格斗情况的技艺。这种技艺能让人释放出力度合适的能量，不费吹灰之力就可以化解对手的阳能量。比如说，在格斗中，我们的目标是用柔韧的技艺（阴能量）来中和对手的力量，而不是用更多坚硬的反抗力（阳能量）去对付对手的力量（阳能量）。

一旦对手体力不够，感觉身体虚弱，开始撤退（阴能量），我们就应该立刻攻击（阳能量），将他一举打败。这种训练非常有挑战，让人兴奋，而我还远远没有掌握。李小龙在他的作品中说道：如果一个人的适应能力达到了最高水平，就会像"影子跟随移动的物体"或者"软木塞随水流漂浮"一样轻松和自然。

李小龙还在他的作品中提醒我们："修炼的最高水平就是简单，只有半途而废的修炼才会导致花拳绣腿。这个过程就像是雕刻家用凿子凿掉多余的东西，最后创造出雕刻杰作。"

李小龙在《截拳道之道》中阐明了阴能量和阳能量的培

养过程，这本书现在很容易买到。我不知道在我有生之年能否达到这种精通的水平，但是李小龙永远都是我的榜样和偶像。

跟我一样练习截拳道的伙伴：希望你们能开开心心地读完这本书，这样你们就可以真正地完全理解李小龙的截拳道哲学，遵照他的训练项目，理解三个修炼阶段和自我启蒙的四个步骤。约翰·里特在这本书里提供的信息会让你们修习截拳道的体验变得更加轻松和愉快。我希望能跟你们交流想法，分享经验（请通过约翰跟我联系）。

在结束之时，我想引用中国一位著名的太极拳大师的名句。他注意到学生在上他的太极课时，还在学习很多无关的武术，就用下面的话语来告诫他们：

> 很多学生犯了舍近（容易获得的、必要的武术）求远（跟太极拳艺术不相关的、不必要的武术）的错误。你们的错误判断可能会让你们失之毫厘，谬以千里。所以，你们应该谨慎地区分必要的和不必要的武术。

序 （三）

马克·沃茨

一段时间之前，我接到一个日本来的电话，一位真诚的绅士问我可否推荐几盒我父亲关于禅学的磁带。他接着解释，为了到佛教寺庙里学习，他从西雅图旅行到了东京，但是好几年过去，他还是没有领会禅学的精神。他急切地想要学习，我向他推荐了几盘我最喜欢的磁带，他非常感激。这个经历虽然颇具讽刺意味，但是并不出人意料。因为禅学在日本经常受到误解，在日本的西方人无法迅速地得到指导。

但是，最近我发现，李小龙以前曾有规律地录下我父亲艾伦·沃茨在广播和电视上的谈话，并给他的学生播放。这让我感到很意外。我阅读了他的笔记和采访材料，发现我父亲的作品对他的人生有着重要的影响，而跟我父亲一样，他也把对武术追求的核心放在对道的感悟能力上。

当然，一个优秀的东方人把"身体的"武术教授给他的西方学生，同时又在一个终生对东方智慧好奇的西方人的作品里寻找"精神"鼓励的现象很罕见。但是正如约翰·里特

东西交汇：李小龙是通过电影这个媒介把东方哲学教授给西方
观众的先驱——教授的对象甚至还包括西方的演员，比如说约
翰·萨克森。

所说："西方哲学的问题在于，它试图解释生活，而不是揭
示如何体验生活。"

李小龙和我父亲艾伦·沃茨都在教授学生努力地去"传
达无法传达的东西"，去交流一些只可意会不可言传的东西
的本质。在道家哲学里，他们都找到了独一无二的、致力于
揭示人生无目的性的实践哲学。因为如果我们给自己一个目
标，我们就会一直关注这个目标，而不关注于当下，正如我
父亲喜欢说的一句话一样："如果跳舞的目的是逐一跳到地
板上的某些特定的点，那么最快的舞者当然就是最好的舞
者。但是跳舞的意义就在于跳舞本身。"人生也是如此。

"令人厌恶的客观"的西方世界和主观的东方世界之间

的历史分歧在 20 世纪开始缩小，所以在今天，东西方在过去体验世界的特定方式在全世界看来都泾渭分明。虽然人们可能无法很好地理解美国青年身上穿着的印有"阴阳"二字的艳丽 T 恤所具有的象征意义，但是堵车时在我前面的车里优雅地打着太极拳的手臂，则很明显地与内心的存在相关，这个人至少能够根据经验理解那种激励着艾伦·沃茨和李小龙的哲学。正如李小龙所说：

> 人生处在生命的河流中——毫无疑问。人生就是活在当下。完整性，也即当下，不会有意识地试图分开无法分离之物。一旦事物的完整性被打破，它就永远不再完整。

李小龙通过这些话揭示，他发现了一个现代人无法理解的奥秘。简单来说，这个奥秘就是，虽然我们可以同时生活和思考人生，但是这样做会让生命残缺，因为思考的自我不是整体的自我，或者说不是完全的自我。正如英国的物理学家戴维·玻姆所说："小我的问题就在于，它认为自己是大我。"

在下面的篇章中，我们可以找到克里希那穆提、两位铃木①、约瑟夫·坎贝尔和其他很多人表达过的重要思想，这也

---

① 指在禅学方面对西方影响最大的两位禅师：铃木大拙和铃木俊雄。——编者注

是古代的老子、庄子、佛祖和商羯罗曾表达过的思想。虽然这些想法大多并不新颖，但是它们代表了一种新的生活艺术，并且正在带领我们走向我父亲曾经描述为"没有宗教的宗教"的解放。

最后，东西方文化在往不同的方向发展，它们相遇之后，东西方混合文化的发展就成为可能，这种文化包含了东西方文化的精髓——西方的冒险精神和好奇心，以及东方成熟的哲学和审美能力。这些元素可以相互接纳，并由此产生一种完美融合的认知方式。现在我们只需要观望，两种文化的运行方向能否形成太极的经典形象——一个完整的圆。

前　言

　　所有问题的答案都在我们自己身上，这个事实可能让那些正在经历情绪危机或者人生危机的人感到惊奇。这个答案就是内心有着自由流动的气息能量，把它用到大脑上，我们就会有超凡的洞察力和理解力。中国人把这种自然流动的能量叫作"气"，他们相信，气会在我们身体里以持续循环的方式流淌。

　　有些人把这种巨大的内在能量比作物理的量子理论；这种能量也就是次原子水平的能量模式，跟构成所有事物生长和发展基础的革命性力量相同。这种能量无法以观察粒子和其他固体物质的方式来把握，但它也不完全是一段波或者一个过程，更像是这两者的结合。我们很快就会发现，在任何事件中，所有的生命形式都在可观察的过程中模仿着这种能量循环——从原子到太阳系都是如此。学习运用这种巨大能量的好处就是，我们可以达到心灵和身体完全和谐的状态，以伟大的灵魂觉醒的方式达到和谐的最高点，中国古代的圣人把这种状态称为"顿悟"，日本的禅学大师把它称为"satori"，也是顿悟的意思。

20世纪的传奇人物、武术家李小龙也完全意识到了这些巨大的力量，这也并不让人意外。他是这样评价这种力量的：

> 我感觉我身体里有着巨大的创造性的精神力量，它比信仰、野心、自信、决心、想象力都要强大。它是这些东西的总和……不管它是不是上帝，我都能感觉到它，它是没有被开发的力量，是充满活力的力量。这种感觉无法用语言形容，没有任何一种体验可以比得上这种感觉。它就像是掺杂了信仰的强烈情绪，但是比它还要强烈。

如果我能大胆地用某种形象来表示这种巨大的内在力量，最好的可能就是武术家或者武士的形象。毕竟，武士是可以代表巨大力量的一个形象，如果运用得当，它可以为你赢得无数战争，但是如果使用不当或者被忽视，它就可能让你经受失败。西方的大多数人忽视了我们的武士力量，忽视了它的存在，放弃了和它进行连接的努力。结果就是，我们的潜力完全得不到充分的发挥。正如美国心理学家威廉·詹姆斯在他名为《人的能量》的文章中所说："我们只是半睡半醒，完全没有达到我们应该达到的状态。我们的生命之火被浇熄，生活的气流被遏制。我们只用了很少一部分的精神

李小龙拥有巨大的内在力量，这种力
量在汉语中被称为"气"。

和体能。"

　　但是，如果我们选择开发这种内在能量，就会达到最好
的状态——瞬间唤醒我们的热情，把终极潜力的火焰扇得很
旺——我们的人生也会就此改变。我们会变得更有激情、更
加坚定——更自在地跟自己和周围的世界相处——无论我们
有什么目标，我们都能毫不费力地达成。当然，李小龙一定
可以任意地发挥自己的武士力量，他相信，只要我们学会把
他所说的"身体里巨大的精神力量"连接未来，就可以获得
巨大的成就。他曾说过："人如果能有意识地认识到身体里
巨大的精神力量，并将它运用于科学、工作和生活，他未来
的进步将会无可限量。"

　　NBA超级明星卡里姆·阿卜杜勒·贾巴尔跟李小龙私下

学了六年的武术，他回忆李小龙教他挖掘自己身上的武士精神时说：

> 李小龙向我展示如何控制和使用我身体里的力量，任意地将它召唤出来。中国人把这种力量称作气；日本人叫作"ki"；印度人叫作"prana"——它是生命的力量，而且无比强大……它听上去有些奇怪，除非亲身经历，否则无法完全理解，但是它是少数能用意志控制的奇迹之一。

如果我们说这种创造性的力量得到正确的引导，就有成功的潜力，那就太轻描淡写了。李小龙把这种力量用于商业时（在演了仅仅两部电影之后），他跟为自己制作电影的公司谈判，让他们建立一个全新的制作公司——而他是新公司占股 50% 的股东。他把这种力量运用于感情生活，和妻子（他的妻子也把李小龙的哲学原则运用于他们的关系）一起克服了种族、文化风俗差异以及反对他们在一起的人的固执观念。李小龙在发展构成截拳道基础的全新原则的时候，也用到了这种创造性的力量。

武士修炼的第一个必要条件就是对哲学观念的理解，对于西方的很多人来说，这个观念可能代表着全新的人生观和世界观。这本书通过提炼李小龙留给我们的哲学见解，试图提出这样一种观念：把李小龙和其他同时代的武术家区分开来的并不是他的武术本领（虽然他的武术本领也很强大），而是他的思想。他的见解和哲学观念的应用范畴比人们之前知道的要广得多，这也是把他和其他武术家区分开来的关键特征。

我的贡献（如果可以称为贡献的话）并不是增加了李小龙哲学的内容（这完全是李小龙的成就），而在于如何去展现这些哲学。不管你们的职业是什么，我都希望在这本书中能以一种对你们的生活有价值的方式来展示李小龙的重要思想和教诲。

鸣　谢

为了这本书的写作，我需要感谢很多人。首先，我非常感谢李小龙大师，我在这本书的字里行间展现的就是他的观念和人生哲学。李小龙的语言和事例先是让找看到了哲学的乐趣，最终又唤醒了我身体里的武士。我还要感谢用文字让李小龙学到很多东西的个人和思想家，不管是直接的学习对象——比如说他的第一个（也是唯一一个）武术指导叶问，还是间接的学习对象——比如说老子、孔子、艾伦·沃茨、克里希那穆提和铃木大拙。

我还要感谢李小龙的遗孀琳达，她对李小龙哲学的见解以及对李小龙哲学影响力的观点拓宽了我对她已故丈夫的信仰系统的理解。另外，我还要感谢艾德里安·马歇尔的支持，他从 1969 年到 1973 年李小龙去世时一直担任李小龙的律师。琳达和艾德里安在我努力展现和保存我眼中的李小龙的真正遗产时，给了我实实在在的鼓励。不仅如此，他们还给了我友谊。我还想感谢李小龙的学生，尤其是黄锦铭、李恺和丹尼·伊诺山度，他们跟我分享了一些哲学材料。这些材料是20世纪60年代晚期李小龙在唐人街的学校发放给学生的。我和他们促膝相谈，度过了无数个日夜，我们谈论的话题大多是有关李小龙的思想，特别是他的哲学。我最想感谢的还是已故的李国豪。他跟我在1992年8月的谈话让我开始认真地审视武术之精神的重要性，完全投入寻找和传播真实的一手资料的工作中，这些谈话资料详细叙述了他父亲独一无二的哲学和丰厚的遗产。

我从中摘取材料的很多出版物都已经消失了。我选择的李小龙的其他陈述都是来自他的个人笔记或者小沃尔夫创意集团出版的大量选集。但是，无论怎样，我都努力寻找这些材料的作者或出版商，以寻求他们允许我使用这些材料。对于那些把与李小龙的谈话进行记录、录音或者制作成视频的人，我非常感恩，因为他们保存了李小龙的独特哲学。我想感谢下面的出版商和期刊：《西雅图时报》、《西雅图邮讯报》、《斯普林菲尔德联合报》、泰德·托马斯、埃里克斯·本·布洛克、《英文虎报》、《加斯托尼亚公报》、皮埃尔·波顿/艾尔莎·富兰克林、《迈阿密新闻》（《佛罗里达时报》）、《电影镜》、《电视和电影荧幕》、《电视和广播镜》和小沃尔夫创意集团。我从这些出版商和期刊中选取了一些材料。

我尤其要感谢奥哈拉出版集团和《黑带》杂志，他们帮助并允许我引用他们关于李小龙的大量真实材料，对我来说这非常宝贵。我还要感谢他们为让李小龙的艺术和哲学永垂不朽所做的工作。

李小龙哲学的名言警句

生命就是一个不断发生联系的过程。

人，活着的人，创造武术的人比任何已建立的武术体系
都重要。

修炼功夫的目的不是击破石块或木板，我们更关心的是
用它影响我们的整个思维和生活方式。

李国豪是在两种文化中成长起来的。中国的文化和西方
的文化都有各自的可取之处。我们教他从中国文化中学习一
些原则，再从西方文化中学习一些原则。李国豪会了解，东
方文化和西方文化不是相互排斥的，而是相互依赖的。它们
因为彼此的存在而变得卓越不凡。

琳达和我不是两个单独的个体。我们是组成一个整体的
两个半圆。你必须建立自己的家庭——这样两个半圆就能结

合成一个整体，比单独的个体更有效率。

一开始听上去好像就是典型的仆人工作。我对多齐尔说："如果你要我留着辫子，跟着爵士音乐蹦来蹦去，就别来找我了。"过去，电影里典型的角色就是留着辫子蹦来蹦去。就跟印度人一样，你在电视上永远都不会看到印度人的真身。

重要的是教一个人去做他能做的事，只是做他自己……我反对将某种风格强加于某个人。这是一种艺术，一种自我表达的艺术。

你无法组织真理。组织真理就好像把一磅（1磅=0.454千克）水加到包装纸里，让包装纸成型。

人们因为风格而被分开。他们不会团结在一起，因为风格会变成法律。风格的创始人是以假设为开端的。但是现在它已经变成了福音书一般的真理，人们拥有某种风格，就会成为这种风格的产物。不管你是什么样的人，不管你是谁，不管你是如何构架的，不管你的观念是如何建立的……这些都无所谓。你只需拥有某种风格，就会成为某种产品。而这，对我来说，是不对的。

有空闲的时候（他并不经常有空闲），李小龙就会忙着创造格言式
的说法，这些说法都传达了深刻的真理。

最伟大的帮助就是自我救助；自救是唯一的救助方式——做最好的自己，完全投入某个任务当中。这种任务没有终点，永远是正在进行的过程。

总是有人跑来问我："李小龙——你真的有那么厉害吗？"我说："如果我告诉你我很厉害，也许你会说我在吹牛。但是如果我告诉你我并不厉害，你肯定知道我在撒谎。"

所有形式的知识最终都意味着对自我的认知。

保持空灵之心，无形，无法。就像水一样，倒入杯中就成了杯子的形状，倒入瓶中就成了瓶子的形状，倒进茶壶就成了茶壶的形状。水可以流动，也可以冲击。亲爱的朋友，做水一样的人吧。

我相信我在东南亚这里扮演着一个角色。这里的观众需要被教育，而教育他们的人必须是一个负责任的人。我们面对的是大众，我们的语言必须是他们能够听懂的语言。我们必须一步步地教育他们，不可能一夜之间就完成工作。我能不能成功还有待时间来证明。但是我不只是感觉愿意付出，而是真的愿意付出。

随着时间的流逝，英雄人物也和普通人一样会死去，会慢慢地消失在人们的记忆中。而我们还活着。我们不得不去领悟自我、发现自我、表达自我。

光是知道是不够的，必须加以运用；光是希望是不够的，非去做不可。

我不想口口声声"孔夫子曰"，但是普天之下都是一家人。只不过人跟人之间碰巧有些不同罢了。

我无法教你，只能帮助你探索自己。别无其他。

对李小龙的评价

他为自己是中国人感到骄傲，他想通过电影向中国以外的世界展示中国文化的一部分。不仅仅是格斗——他还想加入一点点的哲学。他学习了所有的传统哲学，但是之后又开始形成自己的哲学，他开始意识到，你不能借用别人的哲学。你必须认识自己，创造自己的哲学、自己的生活方式。李小龙相信，世界上最重要的事物就是个人，每个人都应该先认识自己，再去跟别人交往。他成功地跨越了人与人之间交流的障碍。

琳达

他身上的一些东西会让你相信自己。这是只有大师才有的独特力量。李小龙让你相信不可能的事情，让你成为一个卓越的人。在他的指导下，一切都是可能的。所有的怀疑都会被抛到一边。

斯特林·西利芬特

（李小龙的学生）

小龙有很强的内力。你找到身上的核心——肚脐眼下面2英寸（1英寸＝2.54厘米）——就会意识到这里是所有力量的来源。就像是汽车的轮轴，稍稍转动就可以带动整个车轮。它又像是危急时刻可以使用的肾上腺素。小龙可以任意地召唤这种内力。

木村武之

（李小龙的学生）

　　小龙教过很多日本和美国学生。但是，作为中国人，学起他的哲学来，我可能会比大多数学生学得更容易一点。他会谈论太极、阴阳、刚柔、老子的哲学等。他充满热情地学习所有类型的哲学，对老子非常感兴趣，他相信"以无法为有法，以无限为有限"这个说法。每次上完课后，我都会感到惊叹，因为每节课教授的好像都是运用到功夫之中的哲学。他告诉我们"拳打这个"和"拳打那个"的时候，并不仅仅是说机械或者身体层面的打击。他谈论的永远是作为功夫基础的哲学部分。比如说，阴阳或者说"水原理"，他都会让你清晰地记住这种原则，然后让你把它运用于武术之中。这跟单纯教授武术是不一样的。我们跟李小龙学习哲学，因为他把哲学当成自己重要的主题和方向。他是我的导师，他向我展示了哲学和武术之间的联系。哲学和武术是分不开的。

李恺

（李小龙的学生）

他人生经验丰富。他可以挑选任何一个话题，发表智慧的见解。这个话题不仅仅是武术；他主要研究的是哲学，我经常去问他很多问题，寻求他的意见。他会花时间听我把话说完，帮助我用一种全新的方式来看待事物。他真的给了我一些很好的意见——不仅仅是在武术方面，而且是在人生的各个方面。

黄锦铭

（李小龙的学生）

他有强烈的感受，认为如果他能让人们尊重和喜爱中国的文化，他们就会尊重和喜爱其他国家的文化。他觉得，自己是在为世界和平、和谐和不同民族之间的理解尽自己的绵薄之力。

丹尼·伊诺山度

（李小龙的学生）

他首先是一个老师。他教授哲学，努力传播知识和智慧。所以他才以自己的方式创办了武术学校。其他武术学校谈论的大部分内容都很伪善，他们只会谈论如何

xxix

欺骗想学武术的学生。李小龙为人正直，努力坚持自己认为正确的东西——这是他给世人做出的榜样。不管你现在正在做什么，都要完全诚实、完全投入地去做。他确实影响了我。

卡里姆·阿卜杜勒·贾巴尔
（李小龙的学生）

永别了，我的兄弟。能与你同享时空，是我的荣幸。作为朋友和老师，你给了我很多，让我的精神、灵魂和心理上的自我结合在一起。谢谢你，希望你永享平静。

詹姆斯·柯本
（李小龙的学生）

你知道吗？对有些人来说，他只是星期六早上播放的功夫片里的演员。但是对另外一些人来说，他用自己所写的精彩哲学影响和改变了他们的生命。他在全世界都享有如此高的知名度，这让我一直觉得很惊讶。我认为他为好莱坞的亚洲群体做了很多贡献。我认为他在很多不同的领域都是一个真正的先驱。

李香凝

他是我的父亲，他养育了我。武术是我生命中重要的组成部分，它完全来自我父亲……我的意思是，他在我开始走路的时候就教我武术，有生之年一直都在训练我，直到他去世。甚至在我继续训练的时候，教我的老师也是他的学生。虽然我在武术训练的过程中受到过一些不同的影响，但是从本质上说，武术都跟我的父亲紧密联系在一起，这些影响好像也就没有什么不同了。我想，这就是他对我最强大的影响。

李国豪

目 录

第一部分　着眼于整体

第一章　功夫的真正含义 3

第二章　装满，是为了倒空 15

第三章　世界之道 23

第四章　阴／阳 40

第五章　流动的水 52

第二部分　战胜逆境

第六章　能屈能伸　方能生存 63

第七章　关系 75

第八章　种族主义 101

第九章　挑衅 110

第十章　减压 115

第三部分　内心的武士

第十一章　截拳道——量子观点 125

第十二章　你就是答案 149

第十三章　格斗的艺术——不战而屈人之兵 ... 167

第十四章　大师之子的教诲 174

第十五章　路标 188

第十六章　武术之为寓言——李小龙的电影 ... 193

第十七章　依照自己的方法 211

附录

生态禅学 / 艾伦·沃茨 219

无心之道 / 艾伦·沃茨 223

李小龙的主要作品 225

李小龙的主要工作 229

第一部分

着眼于整体

第一章
功夫的真正含义

功夫是一门哲学：是道家和佛教哲学极为重要的组成部分，是逆境中的给予，是先屈后伸的智慧，是对所有事物的耐心，是从生活中的错误和教训中获得益处的行为。这些就是功夫艺术的多面含义。功夫会教给我们生活和保护自己的方式。

李小龙

罗恩站在高尔夫球场的第十七洞球道上，今天他过得跟往常一样开心。整个下午，罗恩每次进洞的杆数都低于标准杆数，第十七个球洞肯定也不会例外。他这一天的高尔夫球伙伴是一位名叫李宗的中国绅士。罗恩以低于标准杆数的成绩打完第十八洞之后，李宗拍了拍他的背，微笑着对他说："罗恩，你是一个有功夫的人。"

"功夫？"罗恩脸上带着疑惑的表情，他说："我又不会凌空飞踢，踢碎别人的牙。"李宗正要反驳，罗恩笑着打断了他，继续说："我是一个高尔夫球手，李——高尔夫球手。你要学会这个词的正确发音。从今天的表现来看，我可以说自己是一个技术娴熟的高尔夫球手。"

"我没有说你会腾空飞踢，"李宗解释说，"我只是说你是一个有功夫的人——你最后一句话更是强调了你是一个这样的人。"

"那我就听不懂了。"罗恩把推杆放入高尔夫球袋，"功夫不是李小龙的专长吗？"

"没错，"李宗回答，"但是你今天在球场上的表现也可以叫作功夫。"

这个故事很好地诠释了东方和西方对武术看法的普遍差异。李宗对功夫一词的解释相当准确，这个解释从一个精通东方文化的人嘴里说出来，并不完全出人意料。同样不出人意料的是罗恩对功夫的理解，他认为功夫只是一种格斗形式。你看，我们西方人一直因为错解功夫（李小龙是中国香港人，他偏向 gung fu 这个发音）的真正意义而感到愧疚。对于西方人来说，功夫跟空手道和跆拳道之类的亚洲格斗方法是同义词。但是，这根本不符合功夫最原始的中式含义。

根据准确的中国翻译，功夫的含义就是巨大的成就。有功夫的人就是非常精通自己技艺的人，而这可以指任何技艺。比如说，文章写得非常好的记者就可以说是有功夫之人，绘画技艺高超的画家也可以说是有功夫之人。以此类推，所有拥有不凡技艺的人都可以说是有功夫之人，从医病到骑马，从武术到高尔夫球，各行各业、各种消遣中都是如此。

按照今天的标准，对工作的完全掌握不仅可以体现功夫，还可以体现个人对自己的掌握。对自己的掌握——至少从中国人的角度来说——是一件积极的、值得个人去争取的事情。根据备受尊崇的中国传统，掌握功夫的人可以是一个重要的哲学家、一个有天赋的炼丹家、一个精通医术的医生、一个饱读诗书的学生或者一个知名的音乐家，他们通过这些身份展示了对自己的掌控。另外，一个掌握功夫的人在有需要的时候也会有能力保护自己和自己所爱的人。但是，把功夫看作打架的能力就是对这个词极大的误解。

三个剑客的故事

李小龙被很多人认为是功夫最原始、最纯粹的意义的代表人物。他在讨论功夫时喜欢讲一个叫作"三个剑客"的故事，这个寓言跟著名的日本剑圣宫本武藏有关，它微妙的象征意义给李小龙留下了深刻的印象，以至于他在香港给电视观众讲了这个故事，他甚至把它写进了他跟演员詹姆斯·柯本和斯特林·西利芬特共同创作的《无音箫》的剧本的引言之中。根据李小龙的讲述，这个故事是这样的：

三个剑客坐在拥挤的日本小酒馆的桌子旁边，高声议论坐在他们隔壁的人，希望能刺激他跟他们决斗。大师（宫本武藏，日本最伟大的武士）没有理会他们。但是当他们的言辞越来越粗鲁、越来越针对自己时，他举起筷子，快速上扬，毫不费力地夹住四只飞动的苍蝇。在他慢慢放下筷子的时候，三位剑客就匆忙离开了房间。

一些西方人会草率地认为，三个剑客突然对骚扰宫本武藏失去了兴趣，与大师用筷子夹住苍蝇的能力没有关系。但是事实并非如此，这三个剑客之所以离开，是因为他们意识到，这位大师用筷子抓苍蝇的动作就显示了他的技艺，而这一技艺就是最高功夫的体现，大师完全掌握了自己，所以，他是一个需要避开的人物。这一故事表达了古老的中国信仰，那就是，任何完全掌控某种艺术的人在一举一动中都可以展现他气定神闲的品质。

古老的功夫大师可以是技艺娴熟的按摩师、中医师和针灸师。西方医药界较晚才开始接受和承认东方人这些对身体、思想和精神疾病的诊治方法。比如说，中国人 1000 年来都用麻黄这种草药来治疗哮喘病，而麻黄中含有麻黄碱。西方的医生治疗哮喘病时也会开麻黄碱，在这一事实被揭示时，西方医药界才意识到，他们对东方的一些诊治方法过早地下了定论。同样，古老的针灸艺术由于有奇迹般的治疗和麻醉作用，现在在西方的运动医疗诊所也是一个普遍的诊疗手段。随后针灸就进入了医疗领域，成为伤病的治疗方式，但是在 20 世纪的大部分时间里都没有被西方医药界接受。

西方思想有一种很强烈的冲动：他们会迅速地把遇到的所有事情进行定性和分类。通常，这些类别都可以简化成两个分支：安全的和不安全的。我们熟悉到某种程度的东西就被放在前面这个分支，不同的、不知道的或者不熟悉的东西就被放在后面这个分支。

结果就是，我们经常会发现自己在忙着给一切事物加标签，站在生活之外，却没有真正地投入生活，也根本没有享受生活。简而言之，我们缺少功夫这个重要的态度。根据李小龙所说：

学习功夫不仅是为了保持身体健康和保护自己，也

1970 年，李小龙在香港的电视节目上讲"三个剑客"的故事。

是为了培养自己的思想。道教的道士和中国的和尚都把
功夫当作一种哲学或者思维方式，在这种哲学中，人们
会顺应逆境，有能屈能伸的智慧。耐心的品质和从错误
中吸取经验的做法也是功夫原则的一部分。

这样一来，有些人可能会觉得很震惊，西方人眼中那
个动作电影明星和卓越的格斗士，竟然还是一个有功夫之人
（取功夫最初的意义）。李小龙是一位哲学家，他关心的是人
类行为，他努力去理解周围这个广阔而复杂的世界。回顾李
小龙的一生，可以说他是一位成功的哲学家。事实上，他的
语言如此准确，电影和语言又如此吸引全球人的关注，我们
完全可以说他是一位哲人。

李小龙的语言包含着与年龄不符的智慧，揭示了他对世
界的深刻理解。这并不是说，他对于人类境况的见解是凭空
而来的。他花了很长时间，刻苦地学习哲学、宗教和关于灵
性的各种书。他还一遍遍地阅读老子、庄子、孙子、孔子、
子夜①、苏格拉底、柏拉图、巴鲁赫·斯宾诺莎、勒内·笛
卡尔和大卫·休谟，以及克里希那穆提、铃木大拙和艾
伦·沃茨之类更现代的哲人的作品。他在这些伟人的语言中
寻找永恒的真实性，努力学习灵魂的终极本质、灵魂所在的

---

① 子夜，相传为晋代女诗人，《子夜歌》的创作者，《乐府诗集》卷四十四有这样的记载：
"《唐书·乐志》曰：'《子夜歌》者，晋曲也。晋有女子名子夜，造此声，声过哀苦。'"李
小龙曾经翻译过《子夜歌》中的一些诗句，后文亦有提及。——编者注

宇宙和人类这个整体。哲学才是李小龙的真正激情所在，武术只不过是他选择表达哲学的工具。

幸运的是，李小龙愿意跟别人分享他的信念。事实上，他的思想和想法通过公共访谈得到了最好的传达。很多采访过他的记者都意识到了李小龙的卓越品质，把采访的音频或者视频保存下来，以便日后学习，改善自己的思维，审视自己。虽然大多数人后来都没有学习，但是，留存下来的公共谈话音频和视频，以及他写的一字一句，保存了让人们理解生活、享受生活和最大限度地度过人生的哲学见解，今天想要从这位伟大的思想家身上学习的人们可以得到这些材料，真是三生有幸。

武术的终极演化

跟功夫的真正含义一样，李小龙的哲学也不仅仅限于单纯的格斗技巧。事实上，为了完全欣赏李小龙的哲学，我们就必须超越武术的界限。毕竟，时值 21 世纪，人类的军事技术发展已经让人拥有隐形轰炸机和乌兹冲锋枪。每个星期花好几个小时进行密集的、复杂的、高度专业的徒手格斗训练固然值得赞赏，这样可以让人变得勤劳，培养对武术的熟练程度，但是，我们在今天的街道上遇到某件事，需要用到武术的可能性非常之小，在一个武器占绝对优势的世界尤其是如此。

比如说，精通古老的冲绳击打工具（一开始被融入古老的技击法，目的很明显，就是把日本骑士从马上摔下来）的训练量在今天看来，作为应对街道袭击的准备工作，显得过时和不切实际。事实上，我们只要扫一眼每天的报纸，就会发现，今天的攻击者（他们使用的都是现代的武器）并不像武士一样怀旧。所以，在纽约街头被杀的武士比被中国的义和团起义打倒的武士要多得多——讽刺的是，这两件事情有着类似的原因：大多数武士的哲学无法跟时代的格斗发展保持一致。

事实上，携带武器的人可以从 30 到 90 英尺（1 英尺=30.48 厘米）之外终结你的生命，有时候甚至可以从更远的地方达到他的目的。既然这样，把生命的大部分时间用来学习格斗技术，保卫自己免受现在携带自动武器的攻击者的伤害，已经不是明智之举。在过去，这些技击法是用来打击徒手搏击的对手的。现在，规则已经改变了，世界也已经不同了。大多数的武士也应该跟上时代发展的脚步。

这并不是说，武术训练在今天就一无是处。如果你的目标是寻求真理，过更有价值的生活，只关注武术的格斗部分就没有必要了。学习武术的持久价值在于，它可以是表达自己的工具，从灵性上来说，通过这种表达，你可以了解自己的局限性和不断发展的能力，更好地理解自己。

我已经可以听到有些人的反对声音了："但是武术在某些自我防卫的情境下肯定还是有用的。"确实如此，但是，战斧也可以达到相同的目的。现在，在我们主要城市的街道上，开车射杀已经如此普遍，掌握武术或者战斧都不能保护我们免受半自动武器的枪林弹雨的袭击。我可以再说一遍，武术是有用的，它是通往健康和灵魂发展的绝佳形式，但是要把武术和其他技艺结合起来抵抗今日大街上使用的武器，说好听一点是不切实际，说不好听就是彻底的、致命的错误。李小龙自己也意识到了武术发展的这个事实，他在著名的视频《独家专访》中也这样说道："现在你不会跑到街上拳打这个脚踢那个，因为如果你这样做，就会有人拿出一把枪——砰！你的人生就结束了……不管你的武艺有多好。"

正如你们很快就会知道的一样，李小龙是一个现实的人，他反对浪费时间为不太可能出现的遭遇做准备。他欣赏要精通各种艺术所必需的优美和技艺，但是他也意识到，这些优美和技艺已经过时了。早在 20 世纪 60 年代，李小龙就意识到大多数武士的训练习惯就像是有组织的舞蹈课，学生可以学会看上去很漂亮、让人印象深刻的动作，但是如果要在街上用这些动作来保护自己或者你爱的人，存活的概率就跟舞蹈班的学生差不多。

李小龙甚至还设计出了一个仿真墓碑，这个墓碑就在他的办公桌上，他向到访者揭示了自己对盲目服从过去的古典传统，不懂得跟随着当下的武术进步发展的人的态度。

纪念一个曾经优雅自由的人

如今他脑子里塞满经典，被经典扭曲。

在跟记者埃里克斯·本·布洛克进行的视频访谈中，李小龙说得更加简洁：

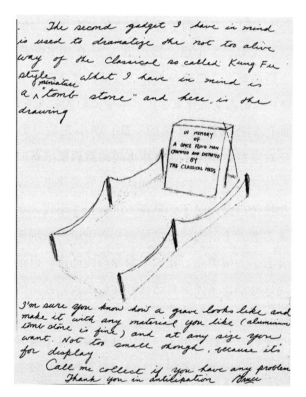

李小龙在 20 世纪 60 年代中期给他的朋友和学生乔治·李（没有亲属关系）写的一张纸上，描述了一个微型墓碑的设计，用他的话说，"这个墓碑完美地表达了我的感受"（有关武术传统形式的感受）。

你知道吗？大多数武术指导老师都顽固至极。我的意思是，他们的态度就是："两百年之前武术就是这么教的，所以现在也应该继续这么教。"为了保持这种态度——我的意思是，你之前就是这个态度——你会卡在时间容器里面，永远都不会成长，因为学习是一个不断发现的过程。不管怎么样，如果我们还是走老路，就只是在重复几百年前传下来的东西。

李小龙把这种过时的、重复的武术训练称为"有组织的绝望"，他在余下的生命中都在努力为一个古老的问题——各种各样的逆境——寻找一个 20 世纪的应对方式。

正因如此，李小龙的真正遗产就不仅仅局限于武术世界的简单范畴。就像尼采的哲学不仅仅属于德国一样，李小龙的哲学也不仅仅属于武士。他是一个艺术家、一个人类学家，他还有一个超越其他角色的身份——思想家。他的口才——而非他的拳头——影响了政治家、公司高管、电影明星，以及社会地位不高的人群。更重要的是，李小龙的思想和哲学让他可以更成功地处理种族主义、经济困难、爱、痛苦、喜悦、悲伤、好奇、婚姻、父亲的角色和友谊——换句话说，就是人生。

李小龙在武术领域的教导只局限于人类四肢能够获得的成就，但是他在思想领域的教导意义无穷。

现在，我们应该带着个体发展的精神前进，这种个体发展是通过对自我的发现和最终掌握实现的。如果你觉得这个概念听上去像是功夫的真正含义，你就开始真正地理解功夫了。

第二章
装满，是为了倒空

　　如果说李小龙的哲学对于不习武的大多数人来说有什么长远意义的话，那就是构成他信仰系统根基的更高原则。一旦确立了这些原则，我们就可以把它们运用于日常生活中可能会遇到的很多问题上。毕竟，不是每个人都会被要求在今天晚上下班回家的路上跟人进行徒手格斗，在这个周末的高尔夫球场上我们也不会遇到这种情况。但是，所有人都需要更多地了解自己和周围的世界，以便更好地学习如何去应对生活丢给我们的问题。为了达到这个目的，我们需要理解与整个宇宙融为一体的生活。

道

　　不管你偏爱西方的道还是东方的道，支撑这两种方式的都是宇宙的道，宇宙的道是将更大的总体连接起来的共同性质。理解这一点——不管我们现在有何种个人的偏见——就是完全地体验了自由。中国人把这种抽象的"东西"叫作道。

如果宇宙可以被比作一片汪洋大海,我们——作为人类——就是海面上汹涌澎湃又渐渐消失的海浪。每个海浪都跟其他海浪不同,但是又跟海洋本身互相联系。这种整个的海洋过程——不管它的形式是什么(比如说流动、退潮、滴水、波动、涡流等)——就是道(请参见本书最后的附录中艾伦·沃茨在《生态禅学》一文中对此说法的评价)。

根据李小龙所说,只有不受干扰的灵魂才能理解"道":

功夫的原则不像科学,不能通过找到事实和事实的因果来学习。它必须跟一朵花一样,在不受情绪和欲望左右的思想中自然地生长。功夫的这个原则的核心就是"道"——宇宙的自然法则。道在英语中没有完全对应的词……我曾经把它翻译成 truth(真理),即功夫背后的真理,每个习武之人都应该遵循的真理。

看到这里,有些人可能会说:"等等,你说的话我听不太懂。你说的宇宙事实和道的观念在我听来很陌生——用这种方式说话我觉得很不舒服。事实上,我并不理解宇宙的道如何可以帮我解决自己的问题!"但是亲爱的读者,你这就错了。要了解你自己的问题——也就是说,能够认识到真正的问题(这是你可以改变的事情)——非常重要,但是很少有人在他的一生中能够学会如何辨识真正的问题。体验问题是一回事，需不需要体验问题就是另外一回事了。

不幸的是，如果你要从西方哲学方法中找到这些问题的解决方式，就会发现，西方哲学创造的问题比解决的问题还要多。比如说，哲学家路德维希·维特根斯坦（1889—1951）在他的代表作《逻辑哲学论》接近结尾的段落解释道，我们通常认为是"主要"的哲学问题其实毫无意义，这些问题的"解决方案"不是答案，而是对于它们固有的无意义性的认识。一旦意识到这个事实，一旦我们理解"生命的意义"就是它没有任何意义，我们就可以马上从这些"问题"中解脱。事实上，我们能确定的只是存在的可观察的事实。维特根斯坦在《逻辑哲学论》中的七个命题中的第一个就提出："世界是所有发生的事情。"

这些论点也有一定道理，维特根斯坦接着又提出了一系列有关各个论点的观察结果，或者说是对观察的观察。比如说，《逻辑哲学论》的第一页这样开头：

1.　世界是所有发生的事情。

1.1　世界是事实的总和，而非事物的总和。

1.11　世界是由事实规定的，而且是由全部事实规定的。

1.12　事实的总和规定了发生的事情，也规定了未发生的事情。

1.13　逻辑空间内的事实就是世界。

1.2　　世界可以被划分成各种事实。

1.21　当其他事物都保持不变的时候，每个事物都可以是这样，或者不是这样。

2.　　　发生的事情——事实——是所有事态的存在。

这种超级分析的最终结果只会让维特根斯坦试图阐明的东西变得更加模糊。然而，虽然西方哲学偶尔会试图用智慧的方式解决我们担心的问题（正如我们会学习到的一样，维特根斯坦之类的方法——强调分析、分析和更多的分析——的方向是完全错误的），我们的文化还是充斥着各种让人担心的问题。

讽刺的是，人们担心的或者以为是重大问题的事情，其实只是通过站不住脚的信仰系统的滤镜看待人生的结果。正因如此，正确地理解你置身其中的宇宙之道就是必不可少的——甚至可以说是至关重要的了。如果你先学会宇宙的道，学会哪些事物会受到你的控制（从而值得你去思考和关心），哪些不受你的控制，你人生的麻烦就会瞬间减少很多。

如果把个人的问题比作树枝上的树叶，那么解决问题的方式就在于：学会理解给树叶提供营养和栖身之所的树枝的真正本质，或者，从更深层次来说，我们应该学会理解有问题的树叶的树枝所依赖的树根。在李小龙看来，这就是道——或者说宇宙事物的秩序——的同义词："为你喜欢的哪一片树叶，哪一根树枝或者哪一朵花儿争论是完全没有意义的；你理解了树根，才能理解这棵树上开的所有的花。"

为了解释这种说法，我想先离题一下，给大家讲个故事。我为健美大王乔·韦德工作过一段时间。韦德雇我写有关健康和健美主题的文章，由于我的工作包括写健美比赛的报告，所以经常需要坐飞机。有很多次，我发现自己要坐很长时间的飞机，去一个遥远的地方。而韦德团队所用的旅行社把我安排在一个同事旁边，这让我在飞机上的时光变得更加难熬。我姑且把这个人叫作杰夫吧，他一上飞机就开始说话，一直到下飞机都不消停。我不仅要听他输出关于健美竞赛、训练和节食的观点，还要听他的人生故事——从他是一颗受精卵开始一直到现在的故事。

有一天我听见杰夫跟另外一位记者在进行热烈的讨论。跟他说话的记者本身也知识渊博，但是就在他耐心地等待机会就杰夫一直在说的主题发表自己意见的时候，杰夫一句断言就结束了整个谈话："你跟我争论这个没有意义，因为我思考的时间比你长。"说完这句话，他扭头就走了，让本来应该是谈话伙伴的同事困惑不已。

虽然杰夫的确是对这个主题了解透彻，但是他的问题在于，他要证明某个观点的需要超越了他追求真理的愿望。换句话说，他把自己完全关闭起来，不让自己体会关于这个主题的新的或者不同的观念。诚然，不是所有人都喜欢热烈的讨论——不管它多能提高人的思想——但是我们必须指出，讨论可以带来理解和灵魂的成长。

我们可以把不同的意见比作暴风雨，虽然我们并不喜欢让它打扰我们的生活，但是它对我们赖以生存的地球的成长和健康来说必不可少。我们从更广阔的视角（宇宙）——道——来说，不同意见或者争论常会让我们撒下理解的种子，培养思想花园里的新鲜想法和概念，带来新的见解、概念关系和灵魂觉醒。

但是，世界上所有像杰夫一样的人，都拒绝看到更大的视野——森林——因为他们害怕失去几棵树木。他们就是微观视角的典型代表。他们对于具体的主题早就选定了看法，所以，不管其他人的观点多么准确，多么有道理，他们都不会受影响。更过分的是，这些人认为他们已经掌握了所有的答案，他们感兴趣的与其说是寻找更深的见解和理解，不如说是表达观点赢得别人的同意。

但是赢本身从来都不是讨论的目的。相反，人应该专注于学习，专注于拓宽自己对生活方式的理解。赢的欲望跟道背道而驰，因为它会创造一个虚假的双重性——会瞬间把赢和输分开——结果就是，我们的焦点会从努力解决我们的个人问题，拓宽我们现有的对事物的理解，转移到对输的恐惧和不计一切代价去赢得争论上。

由于理解和个人成长的不断推进，它们呈现出持续发展的过程，所以"我已经了解了所有需要了解的东西"这句断言是与现实本质背道而驰的，这表明你的认知发展已经停滞。我们不应该积极地追求一部分的真理，而应该努力拓宽理解，意识到知识跟人生一样，是一个正在进行的过程，永远不会停留在某个点——或者某个想法上。真理——如果你想要表达的是真理——是不需要捍卫者的。它就是真理。大费周章表达明确的真理是愚蠢之举，何必劳心去做呢？正如《道德经》所说：

> 善者不辩，辩者不善。

换句话说，那些坚持控制谈话、拒绝聆听不同意见或者相反意见的人——跟他们认为安全的意见不同或者相反——就为教条主义打下了基础。教条主义是思想封闭的一种状态，它会让真正的学习变得不可能。李小龙用他最喜欢的一个故事指出了这种思想封闭状态的错误之处。这个故事的主角是一位禅学大师，有一天一个大学教授来向他请教禅学问题——这位教授跟我们的朋友杰夫非常相似：

> 大师从谈话一开始就知道，这位教授真正感兴趣的不是禅学，而是用自己的想法和知识给他留下深刻的印象。禅学大师在讲解的时候，这位博学的教授就开始评价："嗯，对，我也是这么想的。"他用各种各样的评价不断地打断禅学大师的讲话。
>
> 最后，禅学大师不说话了，开始给教授倒茶。他把

杯子倒满后，还继续往里面倒，直到茶水满溢出来。

"可以了！"教授又打断了他，"杯子已经太满了，你再倒也倒不进去。"

"确实是这样，"大师回答，"你就跟这个杯子一样，装满了自己的想法和推断。如果你不把杯子倒空，又如何能从我这里得到知识呢？"

倒空杯子，或者开放思想，应该成为我们学习哲学的起点。我们暂时假定，西方人无法解决所有的问题。我们要从一张白纸开始，不要有任何预先的想法和偏见，这些想法和偏见会影响我们的判断，妨碍我们追求对于世界之道的新理解。

第三章
世界之道

　　李小龙发现，生命很少有静止的东西。举个例子，人体的内在状态就是不断变化的：新的细胞时刻都在取代旧的细胞，这个永无止境的过程是动态的。身体虽然有不断变化的过程，但它还是会保持某种平衡，保持某种内在的不变性。对我们来说，这种平衡和不变性跟变化本身一样重要。我们的身体会尽力保持不变的温度（98.6 华氏度，也就是 37 摄氏度），让我们的血压保持在健康范围之内，不断地处理每日、每月以及时时刻刻都在发生的重大的细胞变化。

　　这些改变是我们身体所受的各种外在和内在影响造成的，这些影响从我们出生之前到我们去世之时都被施加在我们身上。它们的形式可以是痛苦、喜悦、热、冷、情绪冲突、肌肉运动等，且不断地威胁着要扰乱我们内在的平衡，美国生理学家沃尔特·坎农把这种状态叫作"动态平衡"（英文是 homeostasis，希腊语中 homios 是"类似"的意思，stasis 是"状态"的意思）。讽刺的是，虽然我们的身体在努力保持这种动态平衡，这个过程的本质却包含了作为动态平衡必要条件的变化。这就带来了一个明显自相矛盾的真理：要使有机体保持不变，必不可少的条件就是变化。李小龙还曾说过："随着变化而变化，即是不变。"

"不变的变化"的状态是我们身体的真正状态，是我们的内在环境。李小龙的格言强调了身体生存（我们在下一章会进行更详细的讲解）的必要条件：阴/阳的法则和明显对立的事物相互依存的关系。但是，我们的身体只是控制整个宇宙消长的自然法则的缩影（自然法则是整个宇宙的一部分）。如此一来，我们只要了解身体内部的世界之道，就可以学会去理解外部世界。

从电影制作、个人随笔，到他对格斗的信仰，再到他的艺术素描，道的概念始终根深蒂固地存在于李小龙所做的一切事情中。

为了达到这个目的，传说中道教的创始人老子，作出了如下的评论：

不出户，知天下；不窥牖，见天道。

我们看到内部世界的道的时候，就不禁会观察到，变化是构成内部世界所必需的力量。为了保持身体的内在平衡，我们体内的血气、荷尔蒙水平、电解质平衡、液平面、酸碱平衡、血糖和其他更加复杂的过程都在不断地变化，适应着人生的变幻无常。我们的机体有这样一个动态的内在状态，会造成我们的情绪、冲动、幸福感，甚至是灵魂观念的变化。这种内在的改变只是反映了外部更强大的宇宙过程，东西方的哲学家在几个世纪之前就发现这个宇宙过程的哲学性质，并因此建立了理论，也是在情理之中。

比如说，苏格拉底之前的哲学家赫拉克利特就曾经这样写道："人不能两次踏进同一条河流。"赫拉克利特这句话指的是外部宇宙的终极现实。我们已经看到，管理这些现实的法则跟管理我们肉身的法则相同。这种变即不变的哲学观察——也就是说，我们内在的和外在的宇宙都是由不同的两极分化的众多现象组成的——让我们可以更好地理解周围世界的真正本质，或者说，周围世界的道。

这种发现让我们看见了东西方文化的差异。李小龙信奉一种古老的世界观，这种世界观对于在犹太教和基督教环境中长大的西方人来说非常陌生：关于这个世界是如何形成中国道教和印度佛教信仰的。在这些信仰体系里，世界不是像盖房子或者制作飞机模型一样一步步形成的，更像是一朵花绽放一样自然形成的。我们不是被抛到了这个世界上——而是从这个世界生长出来的。

这种缓慢而自然的方式——跟建筑的方式相反——在东方艺术中由一个多手、多头的神圣人物来代表，比如说千手观音——传统的女菩萨观音（这是完全属于中国的信仰，观音传到中国才变成一个女神的形象）。观音有时候又叫作观世音菩萨，不过这个人物的最初意义是代表之前描述的本质的过程和力量。

千手观音很有趣的一点就是，她被描述成有三张脸和千只手的菩萨形象。普通的西方人可能会挖苦一句，观音有这么多只手，怎么协调得过来呢——他们完全没有意识到，我们在生存和日常活动中，也会遇到相同的问题。我们知道，身体会同时进行各种形式、无比复杂的活动，把自己调节到一个看上去没有变化的状态——但是我们从来不会停下来思考每一个构成我们日常存在的单独的方面、过程或者功能。著名的禅学作者——艾伦·沃茨——在他极受欢迎的作品《禅之道》中，也讲了一个与此相关的故事：

　　蜈蚣过得很开心，
　　一只癞蛤蟆想跟它开句玩笑，

说:"你走路的时候先迈哪只脚?"

这让蜈蚣开始了无尽的思考,

最后它心烦意乱地躺在一条沟渠里,

不知道该先迈哪只脚。

　　李小龙很喜欢讲这个寓言故事(参见第十一章,"截拳道——量子观点"),他想说明,如果我们仅仅通过分析或者自我意识来理解世界的道,我们也会跟蜈蚣一样寸步难行。李小龙时常强调,停下来分析我们正在做的事情,会产生一种消极的状态,他把这种状态称为"身体的停滞"。举个例子,如果我们每次呼吸,都停下来思考我们的呼吸系统是如何工作的,或者中枢神经系统是如何传递电脉冲的——甚至停下来分析我们通过某种机械方式早已习惯的无聊事务,比如毛衣是怎么织的,领结是怎么打的——我们就会跟蜈蚣一样,迷失在思想的迷宫里,最后连最简单的工作都无法完成。李小龙又引用了铃木大拙《禅与日本文化》中的一段话,来详细地阐述这个概念(本书中还包含了有关观世音菩萨的一些暗喻):

　　观世音菩萨有时候被描述成 1000 只手的形象,她的每一只手都举着一个不一样的工具。如果她的思想停下来思考如何使用其中的一把剑,那么她另外的 999 只手就完全没用了。只因为她的思想没有停下来思考某一只胳膊，而是从一个工具到另一个工具地流动，所以她所有的胳膊都能使用，并且可以达到最大效率。这个形象就是要说明，当我们实现终极真理时，就算是长出1000条胳膊，使用时也能得心应手。

有些人可能会问："观世音怎么可能使用这么多胳膊、脸和眼睛呢？"这无异于在问："蜈蚣有那么多只脚，是怎么爬行的呢？"或者是问："我身体有这么多看上去毫不相干的部分同时工作，我怎样不去思考所有的过程，而让身体发挥作用呢？"李小龙对所有这些问题的答案就是：这种过程是自发的，并不由有意识的思想控制。

李小龙的观点是：事物的自然秩序不是君主制，而更像是民主制。在君主制中，我们明显只有一个政治头脑，一个告诉所有地区所有成员去做什么的中央权威。但是在一个民主体系中，我们拥有的是非常像生物有机体的东西。这个过程是自我管理、自我调节的，不同部分的所有方式都继续发展，并发生独立的改变，但是他们以道家的和谐模式共同发生作用。关于这种和谐，老子曾经说过：

大道泛兮，其可左右。
万物恃之以生而不辞，功成而不有。
衣养万物而不为主，可名于小；
万物归焉而不为主，可名为大。

以其终不自为大，故能成其大。

终极现实的观念就是这样构想出来的。它不是通过统治的方式管理宇宙——不会告诉宇宙应该如何运作——而是给它自由，让它用一种和谐的方式来组织自己。换句话说，道的特点就是，虽然它存在于万事万物之中，赋予一切事物以生命，但是它从来不会占有或者命令宇宙。道是淡然的、是无条件的，这也是它的伟大之处。推而广之，遵循宇宙之道，接受事物本身的状态，不追求个人利益或者利用他人来达到自己的目的的人也有这种品质，这也是他们的伟大之处。事实上，这是人类的伟大能够以现实的方式得到衡量的唯一有意义的方式。

生活：事物的统一性

从世界创造之初快进到 1993 年 8 月 7 日，我接到《黑带》杂志公司的任务，去报道加利福尼亚州比佛利山的超级画廊（Superior Galleries）活动。这次活动的主题是"李小龙展览"，这标志着李小龙的个人写作第一次走向公众视野。从哲学的角度来说，那天拍卖出的最好作品是李小龙在 20世纪 60 年代在华盛顿大学的西雅图上学时写成的。

李小龙把这篇文章叫作《生活：事物的统一性》，这篇文章完美地表达了他对与东方的人生观相对的西方哲学方法固有问题的看法。这篇文章试图解释李小龙关于世界之道的信念或者决定终极现实的本质（哲学教授喜欢把它称为形而上学）的信念，是一个非常好的学习哲学的起点。针对不言自明的概念和相互依存关系的本质，李小龙这样说：

> 每个事物都处于一种真实的关系中——一种共同性，在这个共同性之中，主体创造了客体，客体又创造了主体。所以有知识的人不再感觉到跟知识分离，体验过的人也不再感觉到跟经历分离。所以，要从人生中得到什么，或者从经历中得到什么的观念就变得荒谬不经。换句话说，很显然，除了我所意识到的事物的统一性，我没有其他的自我。

水中月

为了更好地阐释宇宙关系的和谐概念，李小龙引用了艾伦·沃茨著名的"水中月"的类比，这个类比指出了所有事物相互依存的关系，在我们试图理解自己在宇宙中的位置时，这可以被看作我们应该学习的第一课。这个类比揭示出，我们不是跟宇宙分开的孤立的个体，而是宇宙的动态组成部分，是更大整体的一部分——自然的力量流通其中的整体的一个积极而能动的部分。

水中月的现象可以比作人类的经历。水是主体，月是客体。没有水，就没有水中月；没有月亮，也没有水中月。但是，当月亮升起时，水不会等待接受月亮的轮廓；最小的一滴水掉到地上时，月亮也不会等着投下它的倒影。月亮不是有意投下倒影，水也不是有意接受月亮的轮廓。水中月是由水和月共同创造的，水会显示月的光洁，月会显示水的清澈。每个事物都有一种真正的关系……

西方逻辑里有一个规则，叫作同一律或者排中律。这个规则认为，事物就是事物本身（A 就是 A），一个事物在同一个时空里不可能既是什么，又不是什么。对东方人来说，这种非此即彼的人生观是不正确的；一个事物可以同时是相反而又相同的东西。比如说，我们的物种里有男人和女人——我们可能会认为他们是相反的——但是，他们又有相同之处，因为他们都是人类。事实上，与其说男人和女人是相对的，不如说他们是相辅相成的；他们被分成男人和女人，就是为了繁衍后代。男人和女人就像是人类的两条腿，任何一方不存在，整个人类都会彻底消失。

我们已经知道，我们的身体能够生存，就是因为它们同时是由变和不变组成的。推而广之，宇宙也是由类似的互为补充的关系组成的，它的本质跟改变和不变、前和后、矮和高、吵闹和安静、刚和柔很相似。这些事物会同时出现，人们只能把它们当作同一个宇宙过程的两个方面，正如南极和北极是磁铁的不同极端一样。

我们宇宙的所有部分相互之间联系紧密，以至于任何一部分都只能相对于其他部分而存在。所有的运动也只能相对于其他运动而存在。它是以——用物理学的专有名词来说——力场的方式运作的。宇宙中没有产生运动或者活动的单独中心。在某个点出现的所有活动都是来自整个系统的。

如果我们制造出多余的自我意识，觉得自己跟这个过程分离或者独立于这个过程，就会出现问题。也就是说，我们制造体验者和体验之间的多余的距离感，然后又试图让体验者追赶上体验，试图去控制它。即当体验者拒绝体验的时候，就会出现问题。让意识的整个模式打开。在一些情况下——当我们担心，或者担心自己担心，告诉自己"我必须放松下来！"或者"我不能这么想！"的时候，生活对很多人来说就会变成无法忍受的重担。

正因如此，李小龙信奉的哲学给我们提供了一种方法，让我们可以从几千年的西方理论带来的生活的恶性循环中解脱出来。虽然这么说，但是我们还是要意识到：任何想要从经历中解脱的努力还是建立在一个假设之上，这个假设就是：真正的体验者是可以从体验中解脱的。我们没有需要解脱的体验者，也没有人能逃避体验。只有简单的体验。就像艾伦·沃茨所说，"跳舞的目的就是跳舞"，生活的目的就是生活——这只是说明生活是一个体验过程的另外一种方式。

说了这么多，总结一句就是，我们永远都不要分析周围的世界，寻找隐藏的因果关系，如果这样做，最后只会为了分析而站在生活之外。李小龙说："人们不会过由概念和科学定义的生活，为了达到生活的最高质量，生活的目的就在于生活本身。"

　　为了更好地阐释这个概念，我们假设你正在一个宁静的傍晚看日落。日落的场景和整个体验都让你内心充满了祥和宁静。但是，突然，你直挺挺地坐起来，对自己说："我总觉得还缺点什么！是因为我还可以比现在更加舒服吗？我肯定还能让这个体验变得更加完美。如果我是在一个月色如水的八月的傍晚，在安大略湖北部的湖边，在一个半掩的门廊上看日落，会不会更加震撼？我听说加拿大北部的日落特别壮观，我星期一回到办公室的时候最好给旅行社打个电话……"

　　你的问题很明显。你竭力想将未来的享受最大化，脑海中充斥着各种想法，因而无法体验现在。而现在就是一切（昨天已经过去，而未来尚未到来），我们只应该关注现在。现在是唯一能影响我们的东西。李小龙相信，如果你现在过得开心，就应该接受当下。享受生活，体验当下，不要停下来，不要走出当下去分析情势，看看自己是不是获得了最大的享受：

　　　　生活的必要品质就是生活本身。快乐的时候，不要走出当下去分析你有没有得到最大的享受。单单满足于快乐，感受你正在体验的快乐——要保证不会错失什么。我们全然投入生活的时候，生活才存在——我们不需要阻断生活的脚步，真正在生活的人意识不到他在生活，这就是生活！

换句话说，让生活——所有的生活体验——流经你的身体。正如荷兰通神论作家雅各布斯·约翰内斯·范德利奥（1893—1934）所写的："生活不是一个需要解决的问题，而是一个需要体验的现实。"

这就是李小龙想说的。在生活的本性中，一个人如何体验生活呢？我们如何摆脱自我意识的捆绑，享受每一刻的体验呢？根据李小龙所说，要体验生活，就要先放下自己，通过严格的自我审查，慢慢褪去表层的"你"，只展示无法再简化的——真正的——你。正如李小龙对李恺（丹尼尔·李）所说的：

> 丹，现在生活对我来说变得越来越简单。我越来越多地在自己身上寻找答案，提出越来越多的问题。我也看得越来越清楚。它确实就是这么简单。人需要克服意识——对自己的意识……不管你的追求是什么，都需要认识到这一点。我越来越追求的是关注当下——不管这意味着什么——我不停地问我自己：李小龙，这是什

么？它是真实的还是虚假的？你真的是这个意思吗？一旦找到这些答案，我就找到了生活的意义。

事实上，李小龙在跟演员詹姆斯·柯本（出现在武术训练电影《李小龙的截拳道》中）私下的训练课程中，曾经说过："柯本在完成踢腿这个动作时太过于关注自己，这样他就会错失目标。"他告诉柯本："你努力过头了，你想控制这个动作，控制太多就会让你太过关心如何完成这个动作。所以你整个身体都会变得特别僵硬。"

李小龙这样教导柯本：精神上要放松，不要担心怎么把脚放到该放的位置、怎么转动身体，也不要担心何时抬腿。换句话说，他鼓励柯本克服对自己的意识。柯本吸取了李小龙的意见，放下了所有有意识的努力，把自己的思想倒空，不再去分析什么，让武术成为简单的武术本身，使之变得完整。这样，柯本下一次就完美地踢到了目标，几乎不费任何力气——而且将自己的力量最大化了。于是李小龙评价说："你明白了吗？直击目标！没有思想包袱的时候，你就能完美地做好动作。"

李小龙在一篇随笔中进一步阐释了这个概念：

生活就是生活本身；它不断地流动——我们对此不应该有任何异议。因为，生活就是流动的现在！完整性——现在——就是没有任何分割，不可分割之物的有意识思想的状态。一旦事物的完整性被分割，它就不再完整了。我们把汽车拆卸开，留下一堆零件，它们就已经不是原始性质的汽车了，因为汽车的原始性质就是功能或者生命。为了全心全意地生活，我们就必须还原生活本身。

西方哲学的失败之处

如果生活是种种经历，而不是可以分析的现象，我们就可以解释为什么这么多人虔诚地追求思想的平静或者心灵的满足。想要融入西方哲学，最后却变得沮丧和困惑了，因为西方哲学强调的是分析和对进一步分析的分析（想想上一章中路德维希·维特根斯坦的论点和分论点）。正如我们所看到的那样，分析不仅是不必要的，而且，用李小龙的话来说，分析最终会带来很多问题：

在生活中，我们会自然地接受我们看到和感觉到的全部现实，而不会有一丝疑虑。但是西方哲学却不接受生活的本身，而是试图把存在变成一个问题。他们会问这种问题："我面前的这把椅子真的存在吗？它可以独立地存在吗？"这样，西方哲学不仅没有把生活变得轻松，反而将原本应该宁静的生活变得焦躁不安。就好像问一个人他是如何呼吸的——他就会开始思考这个过程，瞬间就会窒息。为什么要打断和干扰生命的流动呢？为什么要把事情搞得这么复杂？呼吸就是呼吸，有什么需要质疑的？

总之，西方哲学的问题在于，它试图解释生活，而不是揭示如何体验生活。换句话说，体验和理论是相互排斥的，它们互成反比；你花在理论上的时间越多，留给体验的时间就越少。根据李小龙所说，理论化的问题就在于，它的基础就是对现实的否认，西方哲学家会谈论现实，会抓住吸引我们思想的东西，让它变得抽象，让它远离现实本身。李小龙说：

> 所以，西方哲学会表明，外在的世界不是一个基本事实，它的存在可以被怀疑，强调外在世界现实性的论点不是明显的真理，而是可以被分解和分析的论点——他们会有意识地远离现实，并且试图用画正方形的手势来画圆。

西方哲学关注的并不是生活本身，而是跟理论知识相关的活动的创建。大多数西方哲学家感兴趣的也并不是最纯粹的生活，而是创建跟生活有关的理论。这种倾向不会让他们享受或者体验生活的终极现实，而只会让他们远观生活，思考生活。正如李小龙所说："思考一件事情，就是让自己跳到这件事情之外，跟它保持距离。"

如果想要得到真正的快乐，理解世界之道，我们就不能持有这种世界观。我们不能分解生活、分析生活，而必须简单地去体验生活，成为生活现实的载体，让它在我们的每个行动、每个思想和每一时刻的体验中体现出来。

有趣的是，李小龙的世界观近几年已经被现代物理学所验证。根据现在的科学家所说，存在的基本单位并不是物质——传统意义上的物质——而是可能性，是动态的且相互联系的能量模式。所以，我们的宇宙最终不是由波或者粒子组成的，而是由介于两者之间的物质组成的。

戴维·玻姆是伦敦大学物理学系的荣誉教授，他写出了《量子理论》、《现代物理学中的因果性和机遇》以及《整体性与隐缠序》等作品。他把宇宙描述成一张全息图，在这张全息图里，各个部分都是更大的整体的映像和体现，他发展了"隐缠序"（Implicate Order）的思想。在弗里乔夫·卡普拉的《转折点：科学、社会和正在兴起的文化》一书中，卡普拉讨论了散射矩阵理论。这个理论认为，我们的宇宙是一个"相互关联的动态网络"。根据李小龙所说：

> 我们是旋涡，旋涡的中心是固定的，是永恒的，但是它们表面上看来是运动的，从旋涡和龙卷风（中心是固定不动的）的中心到外围，运动的速度越来越快。这个中心就是现实，而旋风是以多维力场形式存在的现

象——我们要抓住核心。

正是在这种观察中——宇宙是无法分割的、相互联系的场——李小龙的哲学有了最严肃的思考：

> 世界被看成是无法分割的场，任何一个部分都不能跟其他部分分开（没有黯淡的星星，就不会有明亮的星星，而没有周围的黑暗，就根本没有星星的存在）。对立方会相互合作，而不是相互排斥，个人跟自然之间已经不再有任何冲突。

为了充分地理解这个无法分割的存在的概念，以及它对我们生活的影响，我们首先必须熟悉之前提到过的另外一个原则，这个原则对李小龙的哲学至关重要。它就是动态平衡的原则，更普遍的名字叫作：阴/阳法则。

第四章
阴 / 阳

　　程朱理学对中国思想有着重要的影响，也对李小龙有着深刻的影响，其中周敦颐（字茂叔，号濂溪）的著述有着尤为重要的意义。

　　周敦颐写了两本简短的专著：《太极图说》（对太极图的解释）和《通书》（"通解《易经》"），这两本书把道家哲学的一些关键点融入了儒家思想。

　　西方人把太极图，或者太极符号称为"阴 / 阳符号"，它包含了阴 / 阳的"一包含于多"的哲学。

　　根据太极图的历史，动态的太极会产生阳，阳达到一个极限，动态就会变成静态，这种静态会产生阴。这种动态和静态的间隔就产生了阴和阳，阴和阳又产生了金、木、水、火、土这五行。五行构成了阴 / 阳的巨大的相互依赖的系统，阴 / 阳又构成了太极。

　　周敦颐尝言："是万为一，一实为万；万一各正，大小有定。"①

　　李小龙最终在这条哲学规则中找到了安慰和真理。1962年上半年，李小龙公开表示，他从13岁就开始学武，原因跟大多数人一样，就是很简单地"想要学习如何格斗"。但是，他一开始认真学习武术，就明白格斗和严苛的身体训练只是一个非常复杂的过程的一部分。另外一部分由理解、宽容和内心的平静组成——而这个部分比格斗更加难以培养。李小龙坚持学习，最终不仅对功夫的格斗要素有了更加宽广的认识，也对构成格斗的哲学基础的阴/阳有了更深刻的理解。李小龙在1962年对记者说：

　　　　武术改变了我的整个生命，我有了一种完全不同的思维方式。功夫不仅是一种自卫方法，也是一种生活方式。功夫建立在阴（负面）和阳（正面）的基础之上，每个事物都是互为补充的。比如说，柔与刚，夜晚与白天，以及女人与男人。功夫就是安静地意识到对手的力量和计划，以及如何才能跟他们互补的方式。

　　西方的大多数人都熟悉阴/阳的符号，但是很少有人熟悉这个符号究竟代表什么。我们再来看看李小龙在阐释这个古老的哲学原则时是怎么说的：

---

① 周敦颐：《通书·理性命第二十二》。——编者注

功夫建立在阴阳符号的基础之上，阴和阳是互为补充、相互依赖的力量，这种力量可以在宇宙中持续地发挥作用，不会停止。阴和阳是相互联系、相互补充的。阴的古体字是一个圆的暗淡部分，是一幅云层和山脉的画。阴可以代表宇宙中的任何阴性的事物，比如说负面、被动、温和、内在、平庸、女性、月亮、黑暗、夜晚等。另外一个补充的半圆就是阳。这个字的下面一部分表示的是斜射的阳光，而上面一部分代表的是太阳。阳可以代表任何阳性的事物，比如说正面、积极、刚、外在的重要性、男性、明亮、白天等。大多数武术家的普遍问题就是把阴 / 阳看成两股力量，是相对的（所以才有所谓的柔和和阳刚）。但是阴 / 阳是一种不可分割的力量，它们在不断的运动中相互影响，本质上是一个事物，或者说是一个不可分割的整体中的两种力量。它们之间没有因果关系，而应该被看成是声音和回声，或者是光和影。如果这种"整体性"被看作两个分离的事物，我们就永远无法实现功夫的终极现实。

让我们从更深的角度来看待这个原则。根据李小龙所说，阴 / 阳的基本理论就是："宇宙上没有任何东西是永恒而无法改变的。"

对李小龙来说，这就意味着我们都是发展和进化的宇宙过程的一部分，都是由阴 / 阳的不断相互影响形成的。举个例子来说，我们的身体就是由几十亿个细胞组成的——每个细胞都是由微观物质构成的，这些微观物质在能量不断变化的轨道上运行，它们实际上就是微型宇宙，本身在不断发展和相互改变。李小龙曾经这样写道："运动通过静止而流动。"他还说道："静止中的静止并不是真正的静止。运动中的静止才会显示宇宙的韵律。"

李小龙在阴/阳符号周围加上了两个旋转的箭头，代表构成截拳道基础的法则，这就阐释了阴/阳不断的内在改变。换句话说，箭头显示，所有明显相对的力量都来自一个联合的力量。他自己曾说：

> 一位中国功夫大师曾经问我——他留着胡子，看上去挺像那么回事——对阴（柔）和阳（刚）有什么看法。我就说了一句："都是胡扯！"他听到我的回答非常震惊，因为他还是没有意识到阴和阳是不可分割的整体。

李小龙还解释道：

> 我们必须意识到，阴和阳并不是刚和柔的对立体，因为正如我所指出的那样，刚和柔是一个整体的两个部分，它们同样重要，并且不可避免地彼此依赖。一个人如果拒绝接受某个部分，就会让这两个部分分离，而分离就会让人走极端。走上刚的极端就会让人受到"身

李小龙截拳道学校的标志就是太极图周围加上了两个箭头的阴／阳符号。整个标志用十二个字包围：以无法为有法，以无限为有限。

体的限制"，而走上柔的极端就会让人受到"思想的限制"。不过前一个相对而言还可以忍受，至少受到身体限制的人还会奋斗。

这种明显对立的事物是一个相互依赖的整体，这一基本原则会导致"不变的改变"的状态，这种状态在每种文化里都有体现。比如说，我们在前一章提到的苏格拉底之前的哲学家赫拉克利特就曾经说过："人不能两次踏进同一条河流。"

赫拉克利特说这句话的意思是，河流是不断流动的，河的上游会有新鲜的水注入，所以河流不是停滞的，第二次踏进的河流已经不是第一次踏进的河流了。我们普遍认为，"河流"应该能持续——保持静态——一段时间，但是按照赫拉克利特的看法，河流永远不会保持静止状态。事实上，它每分每秒都在变化。

我们自己也是宏观流动中的微观物体，所以，我们每时每刻也都在变化。这就更加体现了阴和阳这两种明显相对的能量的和谐性。我们自己和置身其中的宇宙每天都在变化，这种变化几乎不可察觉，跟宇宙一同经受细微变化的过程，其实是从宇宙大爆炸开始就有的不变现象。我们再一次引用李小龙在前一章中所说的："随着变化而变化，即是不变。"

更重要的一点在于，这个不断发展的流动原则暗示，所有的事物——不仅仅是穿过古希腊的河流——都是不断变化的。人体不会保持不变，通过新陈代谢，每一年都会有新的身体组织代替旧的身体组织。我们宇宙中的每个事物（内在和外在事物）都跟表面上相反的事物有着错综复杂的关系：出生会带来死亡，白天会带来黑夜，升和落、男性和女性相互补充。举个例子来说，运动达到极点，就会变成静止，静止会形成阴。而极端的静止又会回到运动，也就是阳。所以，一种状态会带来相反的状态，而相反的状态达到极点又会回到原来的状态。

这条互补和同时升降的法则会永恒持续下去，这些力量看上去彼此冲突，但是事实上却相互依赖。这就是为什么阴/阳符号的中间都有一个相反颜色的小圆圈。在阴的部分的小圆圈代表的是阳，在阳的部分的小圆圈代表的是阴。这就象征着，阴和阳互相作用，都在不断地改变。在男人阳刚的一面中，肯定有柔和的部分，而每个女人身上都毋庸置疑地有一小部分男性的特质。

阴/阳，或者说太极，是非常有意思的描述性符号，它预示着，自然中的一切事物都是更大的整体中相互关联的部分——不管每个个体看上去有多么独立——老子是这么描述的：

> 三十辐共一毂，当其无，有车之用。
> 埏埴以为器，当其无，有器之用。
> 凿户牖以为室，当其无，有室之用。
> 故有之以为利，无之以为用。

李小龙在他的作品中是这样解释这个现象的：

> 在现实中，事物是一个整体，不能被分成两个部分。当我说我身上的热量让我出汗时，我所说的热量和出汗是一个过程，它们相互依赖，任何一个都不能独立于另外一个而存在。如果我们要骑自行车，就不能双脚同时踩或者同时不踩，只能踩一个，放一个。所以前进需要踩和不踩的连贯动作。踩是不踩的结果，不踩也是踩的结果。每个事物都有跟自己互补的事物，互补的事物可以同时存在。它们不会相互排斥，而是相互依赖，成就对方的功能。

李小龙然后又解释了阴 / 阳符号的重要意义：

在太极图中，黑色的部分有一个白色的圆点，白色的部分有一个黑色的圆点。这就是为了阐释生命的平衡，因为任何事物走上极端，都不能存活，不管是单纯的阴（柔）还是单纯的阳（刚）。我们要注意到，最坚固的树木最容易折断，而竹子和柳树随风摇摆，反而容易生存下来。

在生活中，李小龙注意到，西方的哲学面对问题时通常是迎面而上的——换句话说，就是对任何事物都表现出阳和刚的一面。如果重复用这种方法应对起起伏伏的人生，就可能出问题："美国人就像是橡树——它会迎着风傲然挺立，但是如果风力太大，它就会被折断。而东方人（倾向于）像竹子一样站立着，竹子会随风摇摆，但是风停之后又会迅速弹回，弹回之后会比之前更加强大。"

换句话说，我们不应该跟宇宙的自然模式斗争，而是应该学习如何融入它们，这样就会让我们的人生更加富有成效。

和谐法则

李小龙教导他的学生，阴 / 阳法则的应用是由和谐法则来表达的。这个法则指出，个人应该跟自然的力量和谐共处，而不应该违背它。换句话说，我们不应该做任何不自然的事情；而关键的信仰就是，不要用蛮力。在跟对手格斗方面，李小龙是这样解释和谐法则的。

在对手 A 对 B 施加力量（阳）之时，B 不能用蛮力对抗。换句话说，不要用主动对抗主动（以刚对刚），而应该以柔克刚，用被动的力量化解他的力量。当 A 的力量达到极点时，阳就会变成阴，这时候 B 就可以出其不意，集中力量攻击。所以，整个过程永远都不会是不自然的或者勉强的。B 会不断地把他的动作和谐地置入 A 的动作之中，而不用奋力抵抗。

李小龙喜欢把这个法则运用于武术，但是你可以看到，和谐原则存在于很多不同的领域。我们来听听布兰达的故事：好几年来她都是溜溜球型（指摇摆不定的）减肥者，一直减了又胖，胖了又减，就在减肥餐和肥肉之间来回摆动。她每次都用心吃减肥餐，想把她的身体塑造成她自己想象中的理想状态（阴）。事实上，她的朋友只记得她每天都在吃减肥餐——而体重却从来也没有减下去。

不幸的是，布兰达注定会失望，因为她走极端——不管是极度节食（阴）还是暴饮暴食（阳）。如果她用更加自然的有节制的方式节食，可能很早就瘦下来了，不需要这么反反复复地折腾。李小龙相信，人生的钟摆需要平衡，布兰达如果采用更加平衡的减肥餐，可能很快就能瘦下来。

在健身方面，我认识几个举重运动员，为了让肌肉更有线条，他们在竞赛之前会完全不食用碳水化合物。这种做法在短期内会很奏效。竞赛之后，他们很快就会变得跟猪一样胖，因为他们的身体极度渴望平衡的饮食所带来的碳水化合物。身体的机能被压抑之后，就会强势地回弹，并进行报复。为了满足身体里的渴求，这些举重运动员就会暴饮暴食，一直吃到撑得不舒服；身体并不知道运动员是为了美观暂时不摄入碳水化合物，从身体的角度来说，它是饿坏了。不管怎么样，人的大脑和中枢神经系统要正常工作，就需要从葡萄糖中摄入 90% 的营养。而碳水化合物在肝内被降解后，就是以葡萄糖的形式进入身体。事实上，如果身体不能摄入平衡饮食带来的碳水化合物，就会降解一种叫作丙氨酸的氨基酸，把它转化成葡萄糖。生命的钟摆必须平衡。阴 / 阳法则是宇宙之道，极端的营养摄入习惯会跟阴 / 阳法则背道而驰。

同样的法则还适用于吵架。比如，如果你在跟爱人吵架，他越吵越生气，你就不要再咄咄逼人了——而是应该宽容他，报之以善意的语言。你爱人的愤怒需要高度的紧张来维持，你一软下来，他就会很快消气。阴 / 阳的两极最终都会形成互补，所以只要你放手、顺其自然，你应该会满足的，因为你知道这是最好的办法，且要相信，"没有任何事物是永远不会改变的"。

在李小龙看来，顺其自然就是一种哲学上的无为状态，是拒绝扰乱事物的自然发展的态度。如果我们遭遇到抵抗，明智的方法并不是争吵、打架或者挑起战争（发生冲突的国家就是如此），而是安静地放手，用温柔和耐心来取得胜利。我们都注意到，忍耐比行动更容易获取胜利。换句话说，如果你不与人争吵，就没有任何人能跟你争吵。

不干扰法则

和谐原则的必然结果就是不干扰自然的法则，根据李小龙所说，不干扰法则能教会一个人忘记自己，只对眼前发生的一切作出回应，就像回声一样——不会进行任何刻意的思考。李小龙下面的一番话也进一步阐释了这个法则：

> 我的基本思想就是顺从对手，用他自己的力量来打倒他。正因为如此，一个有功夫之人从来都不会直接对抗对手，也从来不会站在对手的正前方。他受到攻击的时候不会直接反抗，而是会随着对手的动作而动，控制对手。这条法则阐释了不反抗和非暴力的原则，其理由在于：冷杉的枝条在雪的重压下会断裂，而简单的芦苇虽然软弱，却更柔软，能够承受大雪的重压。

李小龙在老子的作品里也找到了这个深刻而持久的真

理。老子是孔子之前最伟大的哲人，他指出：

> 天下莫柔弱于水，
> 而攻坚强者莫之能胜，
> 以其无以易之。

> 弱之胜强，
> 柔之胜刚，
> 天下莫不知，
> 莫能行。

李小龙是这样总结老子的理论的："能屈能伸的人才能生存。相反，只坚持坚硬的、没有韧性的阳法则，人就会在压力下崩溃。"

我们注意到很有趣的一点，那就是：老子对柔软的阴法则也非常重视，他把阴法则跟生命和生存等同起来。我们在下一章可以看到，李小龙相信，老子说通过观察和理解水，可以更好地理解道之精髓，这种说法有着丰富的寓意。

第五章
流动的水

保持空灵之心，无形，无法。就像水一样，
倒入杯子就成杯子的形状，
倒入瓶中就成瓶子的形状，
倒进茶壶就成了茶壶的形状。
水可以流动，也可以冲击。
亲爱的朋友，做水一样的人吧。

李小龙

对于正在看这本书的一些人来说，上面这些话看上去就像对像水一样的物质的奇怪歌颂。但是，我保证，看完这一章，你就会知道这几句格言有着全新的意义。面对困境的时候，人可以像水一样灵活变通，直到可以去克服困境，这是李小龙哲学的关键信条。如今，只有学习李小龙的截拳道（其个人武术形式）的精挑细选出来的学生，才可以接触到他的哲学。所有人在理解李小龙的哲学原则的时候，都带有某种程度的局限性，即仅限于徒手格斗的范畴。人们对李小龙的贡献——或者更准确地说，李小龙的遗产——存在如此的短视观念实属不幸，李小龙的教义除了作为观察街头格斗的现实棱镜外，还有着丰富的意义。

李小龙称自己的武术哲学为截拳道，截拳道思考的是个人主义、自我表达以及迅速而和谐地适应眼前障碍的能力。李小龙相信，只要通过这个和谐适应的过程，人就可以战胜任何形式的逆境。李小龙的观点非常新颖，对人类现状的洞察也很独特，最重要的是，他创立的充分发挥个人才能的哲学能给修习的人提供非常大的帮助。但是首先，我们要来探讨一下李小龙有关水的寓言的重要性。

水的本质

几个世纪以来，中国人对水的本质都有着一种合理的尊敬——或者说一种深深的敬畏。管仲（逝于公元前 645 年）的作品合集《管子》是这么描述水这种奇妙的元素的：

> 水者，地之血气，如筋脉之通流者也。故曰：水，具材也……集于天地而藏于万物，产于金石，集于诸生，故曰水神……是以圣人之化世也，其解在水。

庄子是这样描述水的：

水静则明烛须眉，平中准，大匠取法焉。水静犹明，
而况精神！

我们之前也提到过，水是老子最喜欢用来代表道的事物。

上善若水。
水善利万物而不争，

李小龙（右）跟他的第一位 —— 也是唯一的
师父叶问，学习"咏春黏手"（The art of
detachment 暗含有"超脱的艺术"之意）。

处众人之所恶，

故几于道。

　　但是对于李小龙来说，水的本质揭示的是一种完全不同的智慧。李小龙 17 岁的时候（离开中国去美国的一年前），有一次独自开着一艘中国帆船，经过维多利亚海湾的海面，突然之间就顿悟了很多道理。这次经历让他相信，他跟道（中国人认为道是自然的法则）结合在了一起。这次经历改变了李小龙的生活，也改变了他的人生哲学。

　　在这次顿悟之前，李小龙已经花了四年的时间学习咏春拳，这套拳法是中国功夫的一个分支，尤其强调柔软的原则，强调用柔中和对手的力量，是一种把耗费的精力减少到最低值的武术套路。这个原则要求习武之人不能用蛮力对抗对手，而是应该学习如何理解和运用对手的力量和能量——就好比人们如果想学习开帆船的艺术，就应该学会利用风和水的力量，而不是去跟它们对抗。换句话说，咏春拳的艺术教会学生的是，如何成为对手的补充——而不是他的敌人——如何通过平静和无为的状态（亲爱的读者，这些词现在听上去有点耳熟了吧）去化解敌人的力量。

　　虽然这个概念听上去很简单，但是李小龙发现，他在任何情况下都很难拥有这种平静的状态。他发现，自己一旦跟对手开始格斗，就会变得无比愤怒，无法安静下来，这就让他只能使用蛮力（阳）去对抗对手的技巧，而不能随对手的动作而动。过了几招之后，他脑子里就只会想如何迅速把对手打倒在地。

李小龙的师父是一位年迈的中国绅士，名叫叶问，他看到年轻的弟子无法理解他教授的内容，就走近他，告诉他放轻松。

"忘记自己，随对手的动作而动。"他告诉李小龙。

"让你的头脑不假思索地去做动作，学会超脱的艺术。放松就好！"

李小龙想："啊哈，原来秘诀就在这——那我必须放松下来！"但是几年后去思索这个想法时，李小龙还是会发现，会有这种想法本身就表明自己没有放松。李小龙后来回忆起这次经历，是这么说的："就在那里，我做了违背自己意志的事情。当我说'必须放松'的时候，就需要刻意用力，就已经与'放松'的毫不费力的状态南辕北辙了。"

李小龙越练越沮丧，叶问给了他一个建议："小龙，随自然而动，不要干扰自然的方式。不要对抗自然，不要直面问题，要迂回地去解决问题。这个星期先别练了，回家好好想想吧。"

这种训诫只会让李小龙更加愤怒。不过，他还是听取了师父的建议，回家待了一个星期。他花了好多个小时进行冥想，但是都无济于事，最后他放弃了，决定开帆船到海上去兜兜风。他的帆船跃过大海的波浪时，他回想起师父所说的话，想到自己无法很好地运用阴法则，突然怒火中烧，用尽全力击打水面——就在这一瞬间，他获得了新的洞见：

> 就在那里，就在那一刻，我突然有了一个想法。这海上最寻常不过的海水，不就是功夫的本质吗？这普通的海水不就是在向我解释功夫的阴法则吗？我用拳头击打它，它却没有遭受痛苦。我用尽全力，它却毫发不伤。我想掬起一捧水，它却悄悄地流走。这样的水是世界上最柔软的物质，它可以放进任何容器。虽然它看上去软弱，却可以穿透世界上最坚硬的物质。就是这样！我想要做一个像水一样的人。

但是他突然间理解的却不止这些。他在享受全新的洞见的时候，又继续盯着水面。突然一只海鸥飞过，倒影映在水面上，这就给李小龙带来了顿悟：

> 就在我全神贯注的那一刻，我又感受到了隐秘意义的神秘感觉。我在对手面前的思想和情绪不就像把倒影投进水里的海鸥吗？这就是叶问老师所谓的超脱……为了控制我自己，我必须首先接受我自己，随自己的本质而动，而不是逆自己的本质而动。

李小龙躺在船上，觉得自己已经与道结合在一起，跟自然的方式融为了一体。他让船随风漂流，躺在船上享受着内心的和谐，他意识到，这个世界上他一直认为的对立的力量，其实是相互合作的，而不是相互排斥的。有了这种理解，他的思想就不会有任何冲突："整个世界对我来说都是融为一体的。"

有了这次经历和自己的总结，李小龙就创作出这一章开头有关水的类比。不管是在面对困境还是对手时，他频繁地用这个类比来阐释阴的原则。李小龙观察到，水至柔无形，以至于我们都无法抓住它，它受到打击的时候无须承受痛苦。它是纯粹的阴能量，是世界上最柔软、最灵活的物质；它又是纯粹的阳能量，可以穿透世界上最坚硬的物质。它可

水可以流动，也可以冲击。李小龙在《丑闻喋血》中的一个场景里，给詹姆斯·加纳演示水原则的"冲击力"，让詹姆斯看得目瞪口呆。

以安静得像一面湖，又可以汹涌激荡得像尼亚加拉大瀑布。

水的本质就是：迅速适应沿途的各种障碍，以自己的节奏流动，最后自然而然地越过障碍。换句话说，我们需要向水学习的就是：如果我们能随逆境而动，最后就可以战胜逆境。如果我们随生活而动，就可以适应生活，茁壮成长；如果我们不能随生活而动，就无法体验生活。正如李小龙所说的："流水不腐，你只需要保持流动。"

李小龙认为，水的本质还揭示了有关阴／阳的哲学结论，也就是随逆境而动的必要性。

第二部分

战胜逆境

第六章
能屈能伸　方能生存

1972 年 8 月，李小龙正在给他第四部电影的观念添砖加瓦。这部电影后来叫作《死亡游戏》，李小龙想要通过这部电影传达的观念就是：人类在面对逆境时，一定要能屈能伸，才能适应伤害他们的环境。虽然这部电影只把这种原则应用于武术，但是对李小龙来说，这种原则就是人生的基本准则。

　　我正在为我的下一部电影准备剧本，我还没有想好电影的名字，但是我想展现的是适应不断变化的环境的重要性。不能适应环境就会被打败。我脑海里已经有了第一个场景。电影一开始，观众就会看到一片白茫茫的雪，然后镜头逼近一片树林，大风的呼啸声充满整个屏幕。场景中心有一棵大树，完全被大雪覆盖。突然我们听到巨大的断裂声，一根大树枝掉到地上。大树枝无法承受雪的压力，所以被折断了。然后镜头又转移到一棵随风浮动的柳树上。柳树能够适应环境，所以才生存下来。

我们应该注意到，这种"能屈能伸"的原则不是单纯的屈服——屈服就是崩溃或者惨败——而是面对问题时具有灵活性。李小龙曾经这样写道：

> 要灵活，但是不要屈服。
> 要坚韧，但是不要坚硬。

从被大雪覆盖的树木到人类的建筑，我们在日常生活中随处可见。我们以桥为例，每天在我们车轮下碾压的大桥如果不能稍微弯曲，最后一定会断裂。这种弯曲的能力，通常被认为是阴能量，但是它不是软弱的标志，事实上，它是巨大的力量（通常被认为是阳）的标志。

我们又一次注意到，阴和阳作为相同过程的两个方面而存在。大桥能够承压（阳），是建立在灵活性（阴）的基础上的。这就是所有事物内在的自然平衡（我们在第四章中探讨过这种平衡）。事实上，平衡——或者说道的非极端本质——的存在就是为了让我们实现真实本质的终极表达。

比如说，如果一个男人用尽全力去逞强，那么他就是在压制自己男子汉气概的终极表达。同样，如果一个女人每日以柔弱的形象示人，她的女性气质也就危在旦夕。这种洞见让老子留下了以下句子：

> 知其雄，守其雌，
>
> 为天下溪。
>
> 为天下溪，
>
> 常德不离。

换句话说，如果男人可以允许自己软弱，女人可以允许自己强大，那么他们就都符合了道的准则，可以展现出各自的美，而这种美就不仅仅是人类，而且是大多数生物的强大力量。

所以问题就出现了：我们怎样才能表达真实的自我呢？根据李小龙所说，要展示真实的自我，首先就要忘记自己。它要求我们"在精神上放松"，只有达到"无心"（日语 mushin）的状态，才可以"在精神上放松"，无心字面意思就是"思想的放松"或者"自我意识的放松"。

无心之道

无心并不是没有任何思想和情绪，也不仅仅是思想的宁静。李小龙是这样解释这个概念的：

> 虽然宁静和平静是必需的，但是这种"无心"原则主要的组成部分是思想的"无为"状态。功夫之人的

思想就是一面镜子——它不会抓取很多东西，但是也不会拒绝任何东西；它会接受，但是不会保留。正如艾伦·沃茨所说的，无心是一种"思想自由轻松活动的完整状态，没有第二个思想或者自我拿着棍棒监视的状态"。他的意思是，让思想自由活动，不要在其中再建立另外一个思想和自我。只要自我想的是它愿意想的东西，就没必要刻意放松。而不刻意，就是这种另外的思想的消失……

对一些人来说，又一个问题出现了：怎么样才可以做到放松呢？李小龙是这样回答的：

> 没有必要刻意去做什么，因为我们要接受每时每刻的境况，也要接受不接受的心境。无心不是没有任何情绪和感觉，而是情绪和感觉能够自由流动的状态。这种思想状态不会受到情绪的影响，就像欢快流淌的河流，不会突然停下来。

换句话说，无心就是一种运用心智来看待整体而非局部的过程；就是看见整棵树木，而不是每一片叶子。根据庄子所言：

> （儿子）终日视而目不瞬，

偏不在外也。

行不知所之，

据不知所为，

与物委蛇，

而同其波：是卫生之经已。

换句话说，专注并不是把注意力集中到某个单一的物体上，而是安静地意识到当时当地发生的事情。无心的状态让人可以注意到所有的事情。根据李小龙所说：

> 功夫之人的思想……可以一直保持警惕，因为就算他注意到某个事物，他的思想也不会停滞不动。思想的流动就像湖里的水，它随时都可以再流动起来。它有着无穷的力量，因为它是自由的，它可以接受任何事物，因为它本身就是空的。

无心的现象有很多个名字——在汉语里就有很多个。本心（初心）、信心（对自己的信念）和佛心都是从无心衍生出来的词，是我们全部思想力量不可分割的整体。李小龙提出，要控制思想意识，让它只关注于某个想法、主题、事物、焦点，都会让"思想停顿"——这就是跟无心对立的状态了。李小龙相信，这种被分割的思想过程会让人犹豫，让人脱离当下，产生严重的问题——对那些面对生死困境的人来说尤其如此（参见本书附录中艾伦·沃茨的随笔《无心之道》）。李小龙注意到：

> 武术家最基本的问题叫作思想的停滞。跟对手进行殊死较量的时候，武术家的思想会执着于每一个想法和事物。跟日常生活中自由流动的思想不同，在面对对手的时候，他的思想已经停止了，无法自由地随着事物变化。他不再是自己的主人，不管他选择使用何种武器，都失去了效力。脑中有思想，就意味着它在全神贯注地运行，没有时间装其他的东西，试图清除某个想法就是让大脑装了其他东西，也就让大脑进入了"停滞"状态。

换句话说，刻意达到自由或无心状态，或者说中国人口中的"为"（刻意努力），这就离自由越来越远了。嘴里说着"我必须放松"，实际上就无法放松，李小龙在第五章中就指出了这个错误。为了达到不经过分析的观察和理解的自然状态，我们就必须无为而治。李小龙是这么表达"无为"这两个字的：

> 人最终必须"无为而治"。无为的意思并不是没有思想的一片空白。无为的目的就是不让思想卡在某个过程中。灵魂本质上是无形的，不会被任何事物卡住。一旦被什么东西卡住，你的思想能量就会失衡，你本来的活

力就会被抑制，无法再自由流动……但是如果进入无为状态（是流动的、空的，也就是我们日常的状态），思想就会轻装上阵，不会被任何事物绊倒；它超越了对象和实物，能轻松地应对环境的变化，不会留下任何刻意的痕迹。

有关猫的类比

我们在大多数动物身上都能看到这种无为的状态，在猫身上这种状态更为明显。比如说，猫从桌子上跳起来，就会完全放下对自己的控制；它会完全放松，轻轻地落在地上，继续往前走。猫的思想里不会充斥着各种各样的想法，不会去想应该如何落地，落地之后要去哪，甚至不会想跳跃起来是否安全。

我们继续分析，如果这只猫从桌上跳起来的时候，突然决定不想跳了，它就会瞬间变得非常紧张，要调整自己的路线，最后只能狼狈地掉到地上。同样，无心就是要避免这种精神的紧张状态，或者说由分析造成的瘫痪。

李小龙拥护的无心哲学可以比作猫从桌子上跳跃起来的自然反应。也就是说，我们从出生开始，从存在（在环境中感到安全）变得不存在（在环境中感到不安全）。诚然，有些人的起点要高一些，跳跃的时间长一些，但是我们都在往下跳跃。只是，我们不能够一直想着跳跃的问题，进入紧张状态，让过去的回忆和对未来的希望充斥脑海，这些并不存在于当下的现实中。面对人生时我们应该更像一只猫。这个观点在这几句禅诗中得到了最好的阐释：

> 生时，让思想死去，
> 完全死去，
> 然后再去生活。
> 那时候你随意而为，都不逾矩。

　　换句话说，把自己捆绑到事物（这些事物本来就不是永久的）身上，停止向下跳跃（现实），最后你什么都得不到。我们必须记住，任何事物都要运动才能永久——这本身就是阴/阳的原则。这也是对立原则（艾伦·沃茨称为矛盾原则）的实例。从某种意义上来说，你越能抛开一切，就会越有活力。越是柔软，就会越强大。

　　这在本质上就是能屈能伸的原则，在这一章开头李小龙用两棵树的场景完美地阐释了这种原则。在大雪中，树干笔直地站立，大雪一点一点地堆积，树干也不会弯曲一分一毫——直到最后无法承受重压，只能断裂。而柳树的树枝上只要积一点点雪就会弯曲，把雪抖落下来，柳枝就会迅速上扬。柳树并不软弱，也不松弛，而是充满了能量，能屈能伸。柳树的例子就向我们揭示，我们要实现目标，就一定要顺应逆境。有些人可能会注意到，这才是最简单的道路，是最高智慧的体现。李小龙曾经写道：

> 无形则不受限制；
> 柔软则不会断裂。

又有一个问题出现了：你是哪种人呢？你是选择当强大的、坚韧的人，像大树一样，让问题一个一个地堆积，直到最后不堪重负，濒临崩溃呢？还是像柳树一样，不去承担问题的重担，而是相信船到桥头自然直，一个一个地去解决问题，变得越来越强大，通过顺应逆境，过一种免受多重混乱情绪困扰的人生？李小龙就是后一种人，他教授他的学生，面对逆境最好的方式就是去适应逆境。

一个好的截拳道手不会对抗力量，也不会彻底地退让。他会像弹簧一样灵活，他不会直接对抗对手的力量，而是会成为对手的补充。他没有技巧，他会让对手的技巧变成自己的技巧。他没有安排，他让机会成为自己的安排。

但是，为了达到无心的状态，就需要特殊的行动，或者说特殊的不作为，在汉语里，我们称这种状态为"无为"，日语为 mui。

无 为

无为（字面意思就是不去刻意地努力）的原则显示，跟事物的自然方向背道而驰，只会带来冲突和极端的反应，而不会带来内在的或者外在的和谐。一个人如果允许自己的自我意识或者说自我去顺应事物的自然规律，就会达到最高的境界。也就是无为而治的境界。李小龙是这样描述这个过程的：

> 无的意思是"没有"，为意味着"行动"、"动作"和"努力"。但是，无为并不是什么都不做，而是放松思想，信任它可以自己工作。最重要的就是不要紧张。在功夫里，无为就是灵魂和思想的动作，管理的力量是思想而不是感官。在格斗过程中，有功夫之人会学会忘记自己，顺从对手的动作，让他的思想自由地作出各种反应，不会去反抗，反而会采取一种柔顺的态度。他不会坚持己见地去做动作，而是会让思想变得自然和自由。他不再思考的时候，动作就会中断，立刻就会被对手打败。所以，每一个动作都必须达到无为的状态，不要有任何刻意的成分。

这种不刻意、不费力的动作是李小龙的一个标志。只要看李小龙格斗，你就会注意到，他的技巧的一个中心和基本的原则就是，他应对任何的攻击都不会停顿。这种原则在舞蹈（李小龙跳舞也很厉害，在 1958 年的全港恰恰舞锦标赛中拿到了冠军）中也可以观察到。和好的舞伴跳起舞来就像是一个整体；男舞伴带领女舞伴做动作，中间不会有任何停顿。男人习惯了合作已久的舞伴之后，他们的动作如此天衣无缝，女舞伴甚至会觉得自己就是男舞伴身体的一部分。

树枝上的树叶也是这样随风而动的；风起时，树叶只会随风飞舞。水面上的球也是这样随波浪而动的。水浪出现最小的变化，球都会迅速作出反应。在李小龙看来，这种没有停顿的态度就是无为的状态。它需要高度的精神平衡，不会向某个方向倾斜或者走向某种性质的极端。这种情绪上和精神上的集中状态，或者平衡状态，就是李小龙哲学的核心信条，也是阴 / 阳的基本规律。

平衡的重要性

平衡是道家哲学最初始的——几乎是不言自明的——概念，因为道家哲学对一切事物内在的自然平衡有最基本的尊重。举个例子，在自然领域中，你不会决定去破坏自然的平衡，反而会去适应这种平衡。换句话说，你应该一直努力去顺应这种平衡，避免世界卫生组织在 20 世纪 50 年代犯下的错误。世界卫生组织为了消除马来西亚北婆罗洲（现沙巴州）的疟疾，对当地的蚊子使用了滴滴涕。一开始，世界卫生组织的人以为他们解决了问题，因为使用滴滴涕后，蚊子的数量（就连苍蝇和蟑螂的数量）就急剧减少，疟疾的病例也大大减少了。但是一件奇怪的事情发生了：村民棚屋的屋顶开始倒塌，斑疹伤寒开始爆发。

原因就是，当地的蜥蜴吃了打了滴滴涕的虫子。而充满毒性化学剂的蜥蜴，又被村里的猫吃了，于是村里的猫很快就死光了。没有了吃老鼠的猫，老鼠的数量就迅速上升，它们在村里肆无忌惮地穿梭来去，把带有斑疹伤寒的跳蚤传遍了整个村落。屋顶开始坍塌，因为滴滴涕不仅杀死了蚊子、蟑螂和苍蝇，还杀死了黄蜂，没有了黄蜂，毛毛虫就开始滋长，最后吃光了村民的茅草屋顶。世界卫生组织这样干预自然的平衡，在一段时间内，其自身也遭遇某种困境。

平衡的哲学，或者说对平衡的尊重，最好的例子就是橡胶球。虽然无论怎么挤压，橡胶球都会变形，但是它永远不会失去平衡。它是世界上最安全的形式，它完全容纳了自己，从来不会离开中心。这就是李小龙哲学的目的。

同样，想要经营无压力的生活，我们也需要这种平衡。我们需要学习如何随生活而动，就像水上的球随水波而动，叶子随风飞舞，武术家在自己和对手之间建立和谐状态一样。我们达到这个目标之后，就永远不会被任何冲突所困。

第七章
关　系

生活就是不断联系的过程。人类生活在关系之中，在关系中学会成长。

李小龙

李小龙指出，人类是巨大的宇宙进程的一部分，人类不可能生活在真空里，不可能跟外界隔绝。换句话说，存在从某种程度上来说就是联系。李小龙把关系定义为两个个体之间相互联系的挑战和回应——不管是夫妻之间、父母与孩子之间、个人与个人之间（非亲密关系的人之间）、国家与国家之间，还是生与死之间，以及这些重要关系的衍生物。事实上，个人与个人的关系就衍生了社会的概念，因为个人的叠加才会创造群体，而这个群体就被称为社会。

同样，家庭的概念也是夫妻之间、父母与孩子之间关系的衍生物，这两种关系又构建了亲密关系或者共同体关系。彼此

李小龙和妻子琳达是夫妻关系的典范，他们的关系以阴／阳法则为中心，堪称完美。

沟通很明显就是关系的一种形式。关系——这个概念——就是自我揭示的过程，而自我揭示就是通过观察跟别人的关系中的自己而完成的。

我们可以确信无疑的是，我们的宇宙中（实际上，正如我们所看到的一样，在我们体内）存在着无数种关系形式，要一一讨论恐怕写上几千页都讨论不完。我们现在来关注前面提到的五种重要的关系。

夫妻关系

在夫妻关系方面，李小龙跟琳达的婚姻是两个独立个体通过相互联系，最终形成一个巨大整体的完美共生。在很多方面，他们的关系都是阴/阳的完美典范，李小龙的个性是纯粹的阳，外放、阳刚和有力，而他的妻子琳达则是完美的互补，是纯粹的阴，内敛、女性化，也更灵活。

他们互为补充，让彼此变得完整：一方往前走的时候，另一方就会退居二线。比如说，李小龙是家里主要挣钱养家的人，在20世纪70年代早期，他由于严重的背痛无法正常工作，琳达就迅速找了一份夜班的工作。琳达情绪不好的时候，李小龙就会展现出积极的一面，让她的情绪好起来，达到一个趋近于完美平衡的状态。他们的能量流动到一起，像水一样适应沿途的各种障碍。这样，夫妻就可以成功地前行，安全地走过各种各样的困境。

在20世纪60年代的采访中，李小龙是这样评价他和妻子关系的哲学的："琳达和我不是两个单一的个体，而是构成一个整体的两个半圆。你必须成立一个家庭，把两个半圆放到一起，形成一个比两个个体都要更有效率的整体。"

在极少的闲暇时光里，李小龙喜欢把中国的诗歌翻译成英文。在中国古代诗人子夜的一首诗中，其中有几句展现了李小龙在夫妻关系方面的信念：

你没有看到吗？

你和我，

就是同一棵树的

两条枝干。

你快乐，

我就欢笑。

你悲伤

我就流泪。

爱情啊，

你我的爱情，

还会是别的模样吗？[1]

我们读到这几句诗的时候，就会立刻想起在第四章中李小龙讲到的有关整体、事物共存和互补的本质的话语。我们只能互相依赖着存在。在包含爱的关系之中，这种共生关系尤为明显。

爱——关系

根据李小龙所说，爱的本质是比较难理解的概念。爱不

---

[1] 此处的诗歌疑出自《乐府诗集》卷四十四，"子夜歌四十二首"，此书有这样的诗句："欢愁侬亦惨，郎笑我便喜。不见连理树，异根同条起。感欢初殷勤，叹子后辽落。"但与英文无法一一对应。——编者注

是通过急切的理性追求能获得的，也不能通过严格遵循各种教条被创造，教条只会让爱变得枯燥和空洞。正如李小龙所说："爱别人的时候，人不需要爱的思想体系。"

相反，爱——真正的爱——是自我活动停止的状态。请注意，我说的是"停止"，而不是被压抑或者被否定。为了经历这种自我活动停止的状态，我们就必须理解自我在各种各样意识中的工作模式。我们可以说，只有拥有爱，才会有真正的关系，但是爱应该如何定义呢？我们首先来理解一下爱不是什么，可能才能更好地理解这一状态。

首先，爱不是性，我敢肯定这一点会让很多人感到懊恼。虽然爱不是性，但是性确实是爱的一部分。换句话说，在爱的体验中，绝对有身体的部分，这个部分既是身体的结合，也是心灵的交融，是双方的共同体验。你必须相信，在某种程度上，你体验性的快感的对象的身体和外貌会始终如一，这种身体上的不变性在本质上是持久的，跟你爱人的身份紧密相连。如果不是这样，如果你的爱人的身体是变化的（事实上，确实是变化的），你就会每天跟不同的人相爱。

正如我们看到的那样，人是会变化的，更准确地说，人本身就是变化，我们随变化而变化的能力就是李小龙所说的"不变状态"。在爱中获得成功的关键就是，让爱的体验超越你的身体（以及构成身体的亚原子物质），这样就可以让爱跟随你，并和其他个体一起体验这种强烈情绪状态的纯粹本质。如果你能做到这一点，爱的感觉就会持续下去。如果两人的灵魂不能共同发展，也没有爱的情绪，无法随着变化而变化，就会形成改变的状态——两个相爱的人最终就会"分道扬镳"。

两个个体如果只紧紧抓住肉体的部分，迟早（大多数都是很早）都会感到沮丧。如果你不去紧握它，而是让它自然而然地发展，你就会拥有真正美妙的体验。但是占有对方，就是跟道的自然法则背道而驰。你可以想想，一个占有别人的人就等于在说："我太爱你了，我必须拥有你。"这样就会让另一个人无法生活，无法发展，无法成长。这样两个人的关系就只会走向完全相反的方向：死亡。

不要以为我这种观点是反对关系或反对婚姻的。事实恰好相反。但是我们应该强调——用最强势的语言强调——占有是爱的反面。占有别人只是把一个人的自我投射到别人身上而已。就好像一个幽默故事里所说的："我太爱我的妻子了，所以我爬上一座山的山顶，把它命名为吉米·金德拉夫人！"哎！别开玩笑了！

如果你试图控制别人，或者因你的性热情而占有别人，那么你就是在紧握物质世界。因为物质世界本身就是虚幻的，所以你的行为并没有建立在现实之上，这样你的关系就注定会失败。但是，如果因对爱的体验可以让你"放手"，而不是紧握或者试图占有别人，你就会发现，两人间的关系不仅会变得更加有趣，而且会在身体、思想和心灵上构成强有力的联合。换句话说，爱只有在没有自我的环境中——在个人忘记自己的情况下——才能生存。

对李小龙来说，一个人不能拥有"爱"，而只是在尽可能地体验现在的情绪，享受爱带来的感受。李小龙认为，他和妻子享受到的爱和快乐是建立在他们"去爱"的能力上，而不是"沉溺于爱之中"的能力。根据李小龙所说，这种强烈的身体、思想和心灵的体验，是成功地建立在朋友关系的坚固基础之上的。李小龙是这样描述爱的："爱就像着了火的友谊。一开始，火苗很炽热，但还是在轻微地闪烁。随着爱的时间越来越长，我们的心灵会变得成熟，我们的爱会变成煤炭，下面会燃起剧烈的火焰，并且无法扑灭。"这句话仍然被认为是对爱的最确切的定义。

李小龙相信，一对夫妻享受到的快乐不应该来自于带有极端情绪体验的狂风暴雨式的恋爱，而应该来自更加平衡的关系。（请记住，真正的阴/阳是通过节制和适度来表达的，而不是通过极端来表达的。）李小龙曾经说：

> 刺激带来的快乐就像一团火焰——很快就会燃尽。在我和妻子结婚前，我们从来都没有机会去夜总会。我们晚上就在家看电视，聊天。很多的年轻人恋爱的时候会去过非常刺激的生活。所以，当他们结婚的时候，生活会归于平静和枯燥，他们就会没有耐心，尝尽悲哀婚姻的苦果。

阴／阳和中年期的改变

李小龙的观点得到大家广泛的接受。我们在上一章中已经学习了试图破坏事物的自然秩序或者平衡的方法所存在的问题。这在关系这个主题上尤为明显。很多人都听说过男性更年期的这一说法：在人生中的一个阶段（通常在 40 岁左右），男人回顾自己的人生，会突然变得焦虑，认为人生（或者说生活）已经悄然逝去。在这一状态下，男性就会采取各种各样可怜的策略（从买假发、开着新跑车到处跑去追求年轻女性），他们试图让时间倒流，回到他们真正"在生活"或者至少"能从生活中获得快乐"的时候。

这种看法——如果男性更年期真的存在——并不正确，其原因就是，过度的东西不会持久，而从生活之外看待生活（西方哲学的做法），就会为了分析生活而压抑真正的生活。我们可以站在人生边上，压制现实，但是我们很快就会崩溃，跳到另一个极端。你可能会想起李小龙在第三章中所说的："我们全然投入生活的时候，生活才存在——我们不需要阻断生活的脚步，真正在生活的人意识不到他在生活，这就是生活！"

李小龙教会我们，我们必须意识到微观和宏观的内在联系，必须理解我们同自然和彼此的连接。李小龙还认为，我们不要去阻断生活的脚步，不要站在一旁去分析生活（西方哲学的方法），而是放松，让生活自然而然地发生，从而理解我们是能量流动的巨大宇宙循环的一部分，这种流动可以用阴/阳的法则来体现："极端不会给你带来什么……只有清醒的节制才能持久，可以经受时间的打磨。我们只会保留中间的部分，因为生活的钟摆需要平衡，而中间的部分就是平衡。"

我们很容易看到，我们的整个人生，需要朝九晚五的工作，需要分析如何付账单、如何还贷款、如何拿奖金、如何计划退休，这些都会让人觉得，人生只是匆匆流过——不管这种感觉是出现在40岁还是更大的年纪。关键就是，要尽可能地享受生活，就必须决定按照阴/阳的法则来生活，学习如何跟世界的自然模式合作——而不是跟它背道而驰或是保持距离。这就是李小龙这句话的意思："我无法按照一个死板的时间表来生活。我努力去自由地从这一秒钟跳到下一秒，任由一切发生，去适应各种环境。"

换句话说，让你的事业和每日活动成为你真实自我的和谐表达。

父母与孩子之间的关系

在亲子关系这个话题上，李小龙认为，要在孩子身上注入强烈的"家庭观念"，这一点很重要。他是这么说的：

在美国要培养这种态度（尊重家庭的态度），可能会

令李小龙最骄傲的无疑是两个孩子出生的时刻。在上面这张照片里，李小龙在跟女儿李香凝和儿子李国豪共享欢乐时光。

比中国香港难一些。这是我让孩子在香港上一段时间学的原因之一，因为这样他们就会更好地学习如何尊重家庭和家庭的传统——并以此来获得对自己的尊重。

李小龙观察到，在东方，由于人们有很强的家庭观念，年轻孩子出现犯罪或者不敬行为的概率要比北美低得多。他注意到："香港由英国治理，是半西方化的。即便如此，在那里长大的中国孩子都会知道，如果他做了不光彩的事情，就是给整个家庭抹黑——会伤及一大群人。我觉得这种观念是极好的。"

李小龙在香港生活的几年中注意到，老派的中国家庭养育后代的标准是：子女永远不应该忤逆父母。他发现这个方法非常可行，但是也很高兴，随着时间的推移和西方影响力的加深，这条无可指摘的规则在香港家庭中更多的是一种指引。他指出："我的父亲从来都没打过我，我也不打算打国豪。我觉得一个父亲应该随势而动，去控制局面，你懂我的意思吗？"

确实如此！"随势而动"不就是李小龙的师父叶问给他的忠告吗？这不是跟自然处理逆境最接近的方式吗？跟子女相处，其实就是把阴运用于阳的过程。如果一个顽固的小孩有阳的表现（顽固、个性强等），你用更多的阳力量去管教他（比如说跟孩子吵架，打孩子）只会适得其反。不干预自然的法则就要求我们必须让孩子的天性得到发展和表达。但是，如果他们的个性已经发展到破坏道的自然模式的时候，唯一的方法就是很自然地用适量的阴能量去化解他们的阳能量行为。

《道德经》中有一段是写给想要管理（国家、部门或者家庭）的人的，这段话说：

> 以道佐人主者，不以兵强天下。其事好还。
> 师之所处，荆棘生焉。
> 大军之后，必有凶年。
> 善有果而已，不敢以取强。
> ……
> 物壮则老，是谓不道，不道早已。

这样做的结果就是，孩子会把他们不平衡和不合适的阳能量通过更加可控、更适度、更能让大人接受的方式释放出来。

1965年，在儿子李国豪出生后不久，当被问及自己作为老爸希望给儿子传递什么样的信息时，李小龙的答案值得所有的父母和准父母思考：

国豪是在两种文化中成长起来的。东西方文化各有利弊。他应该取其精华，去其糟粕。国豪会学习到，东西方文化不是相互排斥的，而是相互依赖的。如果没有彼此的存在，它们就不会如此精彩。国豪学习西方文化主要是通过他的母亲、童年的玩伴和学校的课程。

而他学习东方文化主要是通过我，我也是从功夫中学习东方文化的，禅学对功夫有着很深的影响。禅学的很多概念都来自中国人对平衡的信念：阴是女性化和温柔的力量，阳是男性化和坚硬的力量。接受了这条基本思想之后，我们还要加上另外一条：世界上没有单纯的阴和阳。柔软会覆盖坚硬，坚硬会被柔软修饰。女人不应该只是被动地跟随男人的指令，而应该学会主动和积极。她必须有西方人口中所谓的"骨气"。同样，男人也不应该硬而不韧，他的决心应该被同情心软化。

国豪学会理解阴和阳之后，就会知道走极端不能解决任何问题。比如说，那时候很多男孩都剪一种发型，那其实不是发型，而只是一种幼稚的流行风尚。这种风潮不会持久，因为它很极端，迟早会让剪发的人和观众审美疲劳，观众可能感受更敏锐，到时候所有人都会觉得这种风潮很无聊。只有清醒节制才能持久。任何事物都只有中间的部分才能被保存下来，因为钟摆需要平衡，而中间的部分就是平衡。

中国哲学还有一点也回应了人类所共有的问题。我们会说："橡树是强大的，但是它不会随风摆动，遇到强风就会被摧毁；竹子随风飞舞，能屈能伸，所以能存活下来。"我们把这个想法再推进一步，可以说："灵活一些。人在生时是柔软和灵活的，死后就变成硬邦邦的尸体。"灵活就是生命，坚硬就是死亡——不管人表达自己的偏见还是行动。另外，我们不应该过度分析自己的人生，也不应试图对其加以评价。

站在人生边上观察生活是徒劳无功的；你什么都看不见。这个法则也适用于"快乐"这个模糊的主题。刻意去找它，就像打开灯寻找黑暗。分析它，你就会失去它。

有一个禅学寓言，讲的是一个人这么问大师："大师，我想寻求解脱。"

大师问道："是谁束缚了你呢？"

学生回答："我不知道，可能是我自己束缚了自己。"

所以老师说："既然是你束缚了自己，为什么要向我来寻求解脱呢？夏天我们会出汗，冬天会冻得瑟瑟发抖。"

学生听完这句话后就想："他是在说一个隐秘的地方，在那里我们唯一的问题就是四季的更换。"

我会教国豪，每个人都会束缚自己；这种束缚可能是无知、懒惰、对自我的持续思考和恐惧。他必须解放自己，也必须接受，我们就生活在这个世界，所以"夏天我们会出汗，冬天会冻得瑟瑟发抖"。

个人和个人之间的关系

玛莎是办公室里最爱传闲话的人。她永远知道每个人的"最新"消息。她永远都在观察别人的生活和行为；只要有人——在某个地方——对某个人——做有趣的事情，玛莎就觉得，只要她把这个消息传出去，她的人生就有了意义。

不管你在何时何地遇到玛莎这样的人，都应该同情她。从灵魂上来说，她已经迷失了。她在寻找真实自我的道路上已经被别的东西阻塞了——只不过她还没有意识到而已。玛莎认同了一个错觉，那就是：她是通过"了解"别人的私生活以及取悦别人来实现自我的。

但是，道家哲学清楚地指出，这样无法让人接受你：

果而勿矜，果而勿伐，果而勿骄。

果而不得已，果而勿强。①

玛莎可能会让我们想到第二章中的杰夫。跟杰夫一样，玛莎这类八卦的人永远不会体会到思想的平静和内心的满足。因为，为了报道别人的生活或者别人的动机与性格，她就要站在人生边上去分析和批评。用李小龙的思想来说，就是把注意力放错了方向——在追求思想的平静和自我理解时尤其如此。

是的，我们有一双眼睛，眼睛的功能就是去看、去发现。但是很多人都不知道眼睛的真正意义。我必须得说，当双眼用于观察别人不可避免的错误时，大多数人都急着去谴责别人。批评和损害别人的灵魂是一件很容易的事情，但是了解自己却需要一辈子的时间。要为自己或好或坏的行为负起责任又是另外一回事。毕竟，所有的知识其实都是对自我的认知。

玛莎这类的人无法享受自己原本的生活，因为他们已

---

① 这段的原文只能与《道德经》勉强对应，原因在于作者里特采用了史蒂芬·米歇尔（Stephen Mitchell）的译本，但这个译本并不很忠实于老子的原话，里特的这段话标明出自《道德经》第三十章，英文原文为 "Because he believes in himself, he doesn't try to convince others. Because he is content with himself, he doesn't need others' approval. Because he accepts himself, the whole world accepts him." 直译过来当为："因为他相信自己的能力，他不会尝试说服别人。因为他对自己满意，不需要别人赞许。因为他接受自己，全世界都接受他。"与《道德经》的原文意思相去甚远。——编者注

经把享受生活的路堵死了。他们封住了生命流动的内在灵魂渠道。如果他们幸运的话，可能在某个时间点会摆脱浓厚的灰色雾霾，清空自己的思想，用更加健康、积极和更能改善自己的角度去看待世界。如果他们不幸，就会压抑自己的灵魂，通过他人的奖励来获得成功。（不管是"想知道员工都在做什么"的、同样没有安全感的上司给他们加薪，还是成为专业的"八卦"报道者，都是把站在人生边上分析生活当作自己的职业。）

你可能认为上面这段话有明显的冲突：能拿到高薪，获得成功，怎么会是不幸的事呢？这种成功之所以不幸，是因为它会鼓励玛莎这类的人继续待在自己灵魂的模糊状态里，放弃他们内心的追求，让他们继续站在人生边上去观察，永远都不会知道真正的生活是什么样子。这就相当于给灵魂判了死刑。他们内心的武士永远都不会得到完整的表达，这样就会让了解现实和真理成为不可能的事情，他们永远都不能获得内心的平静，也无法找到让人满足的生活方式。

我们遇到的最有趣的人，总的来说就是那些热情生活的人，他们不会忙于记录生活。热情生活的人会在人生的画板上调上各种颜色，去经历完全的喜悦、伤悲、快乐和痛苦。他们会学习像随波逐流的软木塞一样适应人生的起起伏伏。正如李小龙所指出的一样，你有很多地方需要了解——内心的自我——花时间分析别人的行为就会让时间像沙漏里的沙一样悄悄溜走，无法挽回。我们应该把时间花在寻找超我的更有意义、回报更丰厚的追求上。

国与国之间的关系

李小龙希望通过他的电影完成两件事情：第一，用一种有尊严的、有教育意义的方式向西方观众展现中国文化。第二，用西方文化中成熟的元素——比如说艺术和电影制作——来教育东方大众。国家是由人民组成的，国家之间的关系就是人民之间的关系。至于"害怕你的邻居"这种观点，李小龙并不买账。

他对东西方交流会的前景尤为乐观。当被问及他对理查德·尼克松总统在20世纪70年代访问中国有什么看法时，他是这样回答的："一旦中国开始开放，西方人就会更加理解中国！他们看到的更多事情都会不一样。而且通过对比，可能还会衍生出一些新事物。所以，这个阶段非常有意义。"

虽然李小龙对东西方关系的观点非常具有哲学意味，但是他对政治的观点却跟柏拉图截然不同，他认为最糟糕的政府就是由哲学家领导的政府。哲学家会用理论去破坏每一个自然过程，而他们演讲和产生许多想法的能力就是他们行动能力不足的表现。正如李小龙所说：

光是知道是不够的，必须加以运用；
光是希望是不够的，非去做不可。

西方的哲学家或者知识分子可以被看成社会的危害，因为他们只会用规则和法则来思考，他们希望能建立一个像几何模型一样的社会，却意识不到，这种规则只会破坏各个部分的自由和活力。假如遵循不分析的道家思想，理想的领导人或者统治者会尽可能不去约束一个国家；如果他只指引大方向，国家就会远离聪明诡计和复杂，成为一个自然和简单的国家，生命会遵循智慧和无刻意思考的自然惯例。

什么是自然的"惯例"呢？用一句话说，自然的惯例就是无惯例。自然是自然的活动，是传统事件的安静流动，是四季的更替和天空的变幻；自然就是每条小溪、每块石头和每颗星星所代表的道或者方式；人类如果真正渴望生活在智

国与国之间应该互相交流：《龙争虎斗》（1973 年）是中国和美国制片人首次共同制作的电影。李小龙觉得通过这部电影，他把东西方的距离拉近了一些。在这张图片中，李小龙和男配角——美国影星约翰·萨克松——对着镜头摆出和平手势。

慧与和平之中，就必须遵循规律的、公平的、不受个人感情影响的、理性的事物法则。正如我们所看见的一样，这种事物法则、宇宙之道，与行为法则一样，是生命之道；事实上，李小龙认为，宇宙之道和生命之道是一回事，而人类生活最本质和最完整的旋律，是世界的普遍旋律的一部分。

西方世界中跟这个观点最接近的哲学观点就是黑格尔所提出的"绝对"假设。绝对就是所有在发展中的事物的总和。黑格尔假设上帝为理性，而理性就是自然法则的网络和结构，生命和灵魂就在这个网络和结构中成长和发展。西方的斯宾诺莎也提到了这个概念，他把这个概念称为"Deus sive Natura"（上帝或者自然），这个形式可以称为宇宙之道。根据李小龙的哲学，自然的法则可以通过相似的宇宙之道联合起来，创造出现实的几乎是斯宾诺莎式的所有物质。在这种物质中，所有的自然形式和多样性都能找到各自的位置，所有明显多样和相对立的事物都会相遇；所有的事物都是通过"绝对"构成了一个巨大的、相互依赖的黑格尔式联合的网络。

生与死的关系

在无数种关系中，生与死的关系是最不可避免的，也是相隔最近的关系。这两个互补的事物是阴/阳的两极，也就是说，它们之间只有咫尺的距离。衰老和死亡是事物自然而然发展方式。在衰老之前死亡就是一种悲剧，无异于在花开之前折断花枝。不出意外，死亡主要是发生在老人身上的，因此，青春和死亡会相互遇上。确实，生命因为死亡而变得更加强大，而生命的持久力就是建立在单个细胞的出生和死亡的基础之上的。

在这本书出版之前不久，我的父亲去世了。他活到了85岁，可以算得上是"老人"了。这让我停下来想了一下，在跟生命循环的关系中，年迈究竟是怎么一回事。我突然明白（我想李小龙也会明白），一旦理解了这种关系的实质（这又是阴/阳的另外一个例子），我们就没有那么多悲伤的理由。我父亲最喜欢的一位哲学家——威尔·杜兰特——是这么说的：

> 从根本上来说，老年是肉体的一种状态，是无可避免地有生命年限的原生质。老年是血管和器官的僵硬，是思想迟缓、血液凝滞的状态；一个人的血管有多老，他的身体就有多老；而他的思想有多年轻，人就有多年轻。
>
> 随着时间的推移，我们的学习能力越来越差。大脑的连合纤维好像用不灵活的方式进行了积累和重叠。新的材料在大脑中找不到空间，最近的印象像政客的承诺和公众的记忆一样转瞬即逝。随着身体的衰老，人类不再耳聪目明，协调能力也在减弱；老年人会掉进细枝末节的各种情境之中。

小孩越小长得就越快；同样，老人越老，衰老的速度也越来越快。小孩刚进入这个世界的时候，对一切事物都不敏感，这是自然保护他们的方式。同样，在允许时间的镰刀完成最后的操作之前，自然会缓慢地给老人注射麻醉剂，这样他们的感觉和意志就会逐渐减弱，老人就会过得更加轻松……随着感觉越来越平淡，生命的活力就越来越弱，对生命的渴望被冷淡和耐心的等待所替代，对死亡的恐惧跟对休息的渴望奇怪地混合在一起。可能到了那时候，如果人一辈子生活得很好，知道了爱的完整定义，经历了鲜活和丰厚的岁月，就可以毫无遗憾地死去了。

威尔·杜兰特在 1929 年就是这样描述老年的。李小龙在跟斯特林·西利芬特和詹姆斯·柯本共同完成的剧本中，让故事的主角，一个名叫科德的武士，在通往自我掌握的路上，遇到死亡这个话题，作为他必须遭遇的三大考验之一。科德接受了死亡，以一种几乎是杜兰特式的冷漠态度来对待死亡：

不管怎么样，死亡就在那里等着你。我为什么要害怕？死亡很快就会到来，它的爪子既锋利又充满了宽恕……我的生命交给你了，你还能拿走什么呢？恐惧不是办法。人生只有一条道路，而且这条道路必将通向死亡——在我眼前只有一个真正的事实——那就是死亡。我一直在追求的真理就是死亡。但是死亡也是一个追求者，因为它一直在寻找我。所以，我们终于见面了，我已经做好了准备。我很平静。因为我用死亡战胜了死亡。

当我们不再因为对死亡的恐惧而对生命恋恋不舍时，就会从死亡的恐惧中解脱出来。也就是说，你要接受一个事实：没有什么能把你拴在这个地球上或者生活中，你没有什么可以失去，因为如果你对这个世界没有留恋，就没有什么可以让你生活在失去的恐惧之中。一旦接受了这种态度，你就可以自由地继续生活。

德国诗人约翰·沃尔夫冈·冯·歌德（1749—1832）在《西东诗集》发表的诗歌"Selige Sehnsucht"（《幸福的渴望》）中是这样评述死亡这一现象的。

Und solang du das nicht hast,

Dieses: Stirb und werde!

Bist du nur ein trüber Gast

Auf der dunklen Erde.

(如果你不知道这条戒律：死而后生！

你就永远只是浊世中的懵懂之人。)

正如 Bunan[①] 几个世纪以前在中国写下的禅诗所言：

> 生时，让思想死去，
> 完全死去，
> 然后再去生活。
> 那时候你随意而为，都是对的。

这种理解的结果就是，我们会公然放弃自我意识或者说自我，放开所有能阻断事物自由流动的事物。一旦我们放弃了这些东西，在面对生活时，不仅能更好地理解生活的方式，还能带着新的喜悦去享受和应对人生的每个时刻。在李小龙跟西利芬特一同完成的另外一个剧本中，李小龙让他的角色表达出了这样的思想：

> 跟所有人一样，你想要学习赢的方式，而永远不会接受输的方式。接受失败——学习死亡——就是从失败和死亡中解脱出来。一旦你接受了，你就会变得顺其自然，跟这个世界和谐相处。顺其自然是倒空思想的方式。所以当明天来到时，你必须解放你有野心的思想，学习死亡的艺术。

---

① 此处的 Bunan 不详，疑为日本临济宗的禅师至道无难（Shidō Bunan，1603—1676），但作者文中之意，似乎认为 Bunan 是中国人。——编者注

"青春和死亡最终会相遇。"——李小龙《龙争虎斗》中的墓地场景。

李小龙又提出了老子在《道德经》中所说的话：

> 致虚极，守静笃；万物并作，吾以观复。夫物芸芸，各复归其根。归根曰静……不知常，妄作凶。知常容，容乃公，公乃全，全乃天，天乃道，道乃久，没身不殆。

我们终将停止存在——终将被死神夺去生命——但这不是一件值得抱怨的事情；相反，它是人类必将面临的命运，连最伟大的人都不能幸免。苏格拉底、老子、佛陀和莎士比亚这样的巨人——就连杜兰特他自己——最终都会"入土为安"。没有人——不管他有多重要——能逃脱死神的魔爪。李小龙在 1972 年接受的采访中是这样评价死亡这种自然现象的：“自古以来，英雄的结局和普通人一样，他们最终都会死亡，渐渐在人们的记忆中淡去。但是我们在生活的时候，就必须理解自己、发现自己、表达自己。这样才能进步。”

换句话说，在我们追求对自我的理解的途中，在某个时刻，我们必须接受我们现在存在的状态最终会停止的事实。事实上，我们在前面的章节中也看到了，我们的肉身在不断变化，我们的身体不是由一成不变的固体物质组成的，而是由能量组成的。我们的能量只是横跨宇宙的无限能量场的一部分。有了这个思想，我们再来看看李小龙所说的：“为了实现自由，我们的思想必须学会正视生命，生命是没有时间束缚的自由流动，因为自由在意识之外。”

这跟艾伦·沃茨的想法不谋而合，艾伦·沃茨曾说：“人类不仅仅是‘两个永恒黑暗之间的昙花一现的存在’。”现代物理告诉我们，我们不是由物质组成的，而是由无限的能量场组成的，这就表示，在我们的肉身死去之时，作为我们生命来源的能量至少有可能会摆脱束缚。这无疑也是李小龙的信念：“人的灵魂只是肉体中的一个胚胎。死亡之日就是觉醒之日。灵魂会得到永生。”

但是当我们深爱的人死去的时候，我们还是很难赞美生命。这只是因为，我们对生命过程的看法是错误的。正如威尔·杜兰特所指出的：

我们不是个体；正是因为我们把自己看成个体，才无法原谅死亡。在现实中，我们只是种族的暂时肉身，是在有生命的身体中的细胞；我们会死去，因为这样生命才能够保持年轻和强壮。如果我们能永生，成长就会被抑制，青春在地球上就无迹可寻。但是通过爱，我们可以在老化的身体逝去之前，把活力传递到新的身体中；通过生儿育女，我们可以逾越几代人的鸿沟，逃避死亡的敌意。

我们的祖先会通过后代——他们的孩子和孩子的孩子——继续生存。后代会传递那些已经不在人世的人的血液、外貌特征和激情。对有些读者来说，死亡可能夺去了一个你深爱的人的生命，但是事实上，死亡永远无法赢得与生命的战争。在阴/阳的循环完整之时，生命会通过后代赢得这场战争。

第八章
种族主义

有人相信，在某种文化中诞生的、拥有某种肤色的人会享有道德上的优越感或者特权，这种想法应该跟国土的神圣权力一起消失。

洛杉矶和其他主要的美国城市中最近发生的问题证明，种族主义问题在 20 世纪依然普遍存在。但是，认为人必须有权力才会有种族主义思想的想法是错误的。种族主义是仇恨和无知的结合；它是一种想法——而不是一种特权——所以，它不仅限于某个特定的社会阶层。种族主义对现实的看法是不正确的。不管他的皮肤是什么颜色，人类都是人类。就跟树木和花朵一样，不管它们属于什么品种，都还是树木和花朵，这就是李小龙的观点。

今天的种族关系依然非常糟糕，然而在 20 世纪 60 年代，这种关系更加恶劣。李小龙和妻子琳达在一起的时候注定要面对很多障碍。除了社会上大多数夫妇要面临的普遍问题（比如说经济问题）之外，他们还必须克服 60 年代两种文化中的禁忌：跨种族婚姻。但是，李小龙和琳达都有着相同的人生观，他们没有让其他人的观点和偏见——他们知道自己无力改变——影响到他们的爱和共有的美妙而独特的关系。根据李小龙的哲学，种族主义、偏见和沙文主义思想都是因为没有看到大局，没有理解所有种族共有的基础而造成的："基本上来说，人类的特征在哪里都是一样的。我不想让自己的说法听起来像'孔夫子曰'，普天之下都是一家人。只不过人跟人之间有些不同罢了。"

在 1972 年香港接受的一次采访中，有人让李小龙具体谈谈他对种族问题的感受，李小龙是这么说的：

> 虽然很多人会不同意我的观点，但是对我来说，种族之间的障碍在现实中根本不存在。如果我说"天底下的每个人都是大家庭的一员"，你可能会觉得我在虚张声势，太过于理想化。但是如果有人相信种族间有不同，我就会觉得他太落后了，思想太狭隘了。可能他还不理解人类的平等和爱的观念。

威尔·杜兰特也有相同的观念，在《历史的教训》这个平实又尖锐的小册子里，他以自己精美的语言写道：

> "种族"之间的敌意植根于种族的起源，但是他们也是由于，而且可能主要是由于文化——语言、服装、习

惯，道德或者宗教的差异——而形成的。这种敌意没有解药，只能通过扩大教育面来消除。历史教会我们，文化是所有人合作而形成的产物，几乎所有人都为它作了贡献；它是我们共同的遗产和债务；拥有文明思想的人就会把每个人——不管他的身份有多低微——当作有创意、能贡献的群体中的一分子来对待。

李小龙在这个问题上的观点跟杜兰特不谋而合，他相信，太多人都被家庭、社会和同龄人的偏见和习惯束缚。比如说，如果父母告诉孩子，某个人的特定种族或者群体是不好的、邪恶的，小孩在成长的过程中就会相信这是事实。又比如，如果长辈拒绝某个事物，他们的孩子就会强烈地抵触它。但是正如我们在第三章中看到的一样，生命就是生命——没有好或坏的形式。事实上，正是生命的多样性让生活变得如此有趣，让人有丰富的体验。大自然不会偏爱某个种族，就像红玫瑰不比黄玫瑰高贵，玫瑰也不比康乃馨高贵一样。它们只是玫瑰和康乃馨，以前一直如此，以后也永远是这样。

这种观点超越了好与坏、支持与反对、可爱与讨厌的范畴。正如沃茨所写的一样：

> 这就是伟大宇宙的范畴。我们在晚上仰望星空时，不会比较明亮的和暗淡的星星，也不会比较排列得好或

是排列得坏的星群。行星自然有大有小，有明有暗。但是整个星空就是会让人心生敬畏的美好景色。

人类也是如此。你们到现在一定已经清晰地意识到，人类跟沃茨描述的星星一样，是宇宙不可缺少的一部分。不知道这个事实就会带来不受控制的错误想法——比如说相信种族优势——这种想法会一代一代地往下传递，直到它们变成传统。要不顾这种传统的影响，将它们连根拔，是一条艰难的上坡路。

我们在后面的章节将会看到，传统会阻碍人们在寻求真理的过程中独立使用思想，它还会阻止人真实表达最内在（最诚实）的感受。按照李小龙的说法：

> 种族主义之类的想法是一种传统，是老一辈人的经历形成的"公式"，这是一个简单的真理。随着时间的推移和人类的进步，我们有必要改革这种"公式"。比如说，有些人会跟信仰不同宗教的人打起来。但是，如果他们稍微想一下这个问题，就不会因为这么一个愚蠢的原因而互相斗争。我，李小龙，从来不会遵循制造恐慌的人的公式。所以，无论你的肤色是白的还是黑的，是红的还是蓝的，我都可以毫无障碍地跟你交朋友。

李小龙相信"天底下的所有人都是一家人"。在这张照片中，李小龙变身骄傲的父亲，抱着他的女儿李香凝（1969 年出生）。李小龙的两个孩子都很漂亮，都出生在一个国际化的家庭里。

但是孩子们怎么办？

李小龙出生于旧金山，是一名美国人，他的父亲是中国的名人，母亲是一位欧亚混血的美女。他的妻子琳达·埃默里出生于华盛顿的埃弗里特，父母有瑞典、英国和爱尔兰的血统。李小龙夫妇多样的血统又遗传到他们的儿子李国豪和女儿李香凝身上。见过这两个孩子的人都会觉得他们非常优秀。

但是在 1965 年 2 月 1 日，李国豪出生之后（李香凝出生于 1969 年 4 月 19 日），就有人问："在这样一个到处充满了偏见的地方，你如何养育国豪长大呢？"李小龙讲述了一个中国的民间故事，很适合回答这个问题：

有一个很好的屠夫，他年复一年地用同一把刀切肉，但是刀锋依然非常锋利。这把刀用了几十年都还跟新的一样好用。有人问屠夫是如何保持刀刃的锋利的，屠夫说："我是沿着骨架的线条走，我不会去砍骨头，也不会把它砸碎，更不会用任何方法去处理它。那样只会毁坏我的屠刀。"在我们每日的生活中，我们必须跟随障碍物的路线。试图攻击它只会让我们自己受伤。不管别人怎么说，障碍都不是任何个人或者群体的体验。它们是人类的普遍体验。我将教会国豪，每个人——不管他是谁，不管他在哪里——从童年的时候就必须知道，只要不让发生的事情进入脑海，它就相当于没有发生过。

就跟你们店铺里的小丑不倒翁一样，中国的杂货铺里也有一只小狗形状的不倒翁，这个不倒翁指明了一个寓意："跌倒九次，爬起来十次。"如果不想被打倒，就应该遵循这个真理。我除了教会国豪这些戒律之外，还会告诉他坚定地往前走。往前走就可以看到新的风景，往前走就能够听到鸟语、闻到花香。往前走，把所有可能阻塞经验出入口的事物都留在身后。

我们告诉国豪，他不能完全投入某个事情中，而应该有所保留。东方人的建议是"不要把所有鸡蛋放在一个篮子里"，这个建议说的是物质的东西。我说的是情绪、智力和精神上的东西。作为一个演员，我有很多东西需要学习，我投入了很多精力，但是没有完全投身其中，这样我就有精力去做别的事情。功夫是我人生中至关重要的一部分。

最后，在对国豪的教育中，我会贯彻儒家思想。儒家思想认为，行为的最高准则就是：想要别人如何对待你，你就应该如何对待别人，还要再加上忠诚、智慧以及在人生最主要的五种关系——管理者和被管理者、父亲和儿子、哥哥和弟弟、丈夫和妻子以及朋友之间的关系——中个人的完全发展。有了这些思想做基础，我相信国豪会得到很好的成长。

好莱坞的种族主义

除了要教会孩子们如何应对种族主义之外，在被邀请出演《青蜂侠》中加藤一角的时候，李小龙自己也需要面对这个问题。他说得很清楚，他对扮演一个只会让人们记住《大淘金》中阿辛这一角色代表的固定形象的配角不感兴趣。他表示要出演加藤一角，就必须制定几个基本准则：

加藤这个角色听上去就是典型的男仆角色。我告诉威廉·多齐尔（电视剧的制作人）："如果你要我梳着辫子，听着爵士乐跳来跳去，就不用找我了。"在过去，中国人的典型形象就是这个固定形象。跟印度裔美国人一样。你在电视上完全看不到印度人。

几年之后，种族主义让李小龙失去了他参与创作的电视剧《功夫》的主角角色。他是在录下著名的《遗失的访谈》的前一天得知这个消息的。他为什么会失去这个角色呢？不是因为他不是合适的人选，而是因为对于美国观众来说，他的长相太"中国化"。跟往常一样，李小龙并没有气急败坏。他知道这样的行为不能改变什么，这个事件反映的是一个比美国电视产业更大的社会问题。他的观点，跟往常一样，非常富有哲学性：

> 我已经决定了，在美国，我需要展示东方——我指的是真正的东方——的东西。在外国荧幕上，东方人永远是眼角下垂、梳着辫子跳来跳去，嘴里说着"快点快点"的形象。这种形象非常过时。但是问题是，我们并不清楚美国观众对电视剧中东方人做主角这个问题会有何反应，所以我才失去了这次出演机会。不幸的是，这种事情（正如种族主义一样）确实存在。美国有些地区就是会出现这些问题，不是吗？他们认为，从投资的角度来讲，用东方人是一种风险——我也不会责怪他们。我的意思是，在香港情况也是一样；如果一个外国人来香港，要在香港做明星，而我恰好是投资人，我也会担心观众是否能接受他。

但是李小龙忠实于自己的哲学，他为那些受到不公正待

在李小龙与加拿大记者皮埃尔·伯顿一起录下《遗失的访谈》的前一天，他得知自己失去了电视剧《功夫》的主角扮演机会。李小龙认为，如果人能真实面对其最内在的自我，就不会因为种族主义之类的思想而退缩。

遇的种族主义的受害者提供了一丝希望。他相信，个人代表着整个人类，我们渴望从诸多不同的外在渠道追求的快乐、知识和意义其实都可以在我们自己身上找到。他相信，要克服不公，唯一的方法就是对内在的自己——你的灵魂——保持真诚："没关系，一切都会好起来的，因为，如果你能诚实地表达自己，别人如何看待你就不重要了，知道吗？因为你会成功，你一定可以做到！"

有一位采访者问李小龙把自己看成是中国人还是美国人，李小龙的回答非常简洁、切中要害，并且在哲学上十分正确："都不是。我把自己看成人类的一分子。"

第九章
挑　衅

　　"你在真正的格斗中能照顾好自己吗？"驻扎在香港的英国记者泰德·托马斯问道。这个问题的对象就是李小龙——20世纪杰出的武术家。李小龙得意地笑了笑，把左手的食指放到嘴唇上想了想，然后回答说："如果你不介意的话，我想先用个笑话来回答你的问题。总有人跑来问我：'李小龙，你真的有那么厉害吗？'我说：'如果我告诉你我很厉害，也许你会说我在吹牛。但是如果我告诉你我并不厉害，你肯定知道我在撒谎。'"

　　跟托马斯笑完之后，李小龙又一改欢快的语气严肃地说："我来认真地回答你这个问题，可以这么说：我不害怕面前的对手。我很有信心，他们也不会让我不安。我开始格斗、开始做任何事情的时候，就会下定决心，所以你最好在我制住你之前杀了我。"

　　我想说的是，虽然李小龙可以用拳脚来解决冲突，但是他对自己有能力照顾自己——无论对手是什么人——的信心，意味着他从来没有觉得需要向别人（除了他自己）证明自己。

我想起李小龙的律师阿德里安·马歇尔给我讲的一段趣事。他们两人跟电影制作人雷蒙德·周一起出去吃午饭。马歇尔回忆道："在那吃午饭的时候，为我们服务的是一个混蛋服务员，他对李小龙十分粗鲁，用一种居高临下的方式跟李小龙说话。让我吃惊的是，李小龙反而对他微笑，完全忽视他的粗鲁行为。我最后问李小龙为什么要容忍这个白痴。"李小龙回答道："我进这个餐馆的时候心情很好，为什么要让别人来破坏我的好心情呢？"

> 这个简单的事情给我留下了深刻的印象。如果李小龙为这个混蛋服务生——尤其是他瞬间就能打败的混蛋——的愚蠢行为而感到困扰，那就得不偿失了。李小龙的安全感是如此稳固，以至于这些粗鲁的行为都不会让他有一丁点的愤怒。

不幸的是，很多人在遇到这种情况时，并没有李小龙超然和冷静的态度。很多人受到一丁点的侮辱，都要返还给对方，好让别人知道他们不是好惹的。李小龙认为这种行为纯属浪费精力。这样的反应还会被认为是思想软弱的标志，因为你让别人的冲动和欲望控制了你自己的意志。毕竟，选择应战还是克制、争论或是沉默的是你自己。这个地球上没有任何人生来就能让你去做你不愿意做的事情。

李小龙心情好的时候，会拒绝让任何人来破坏它。

　　构成这些行为基础的问题就是：你的内心真的有安全感吗？如果你真的有安全感，就可以像李小龙一样用平心静气的自信去面对类似的粗鲁行为。

　　李小龙认为，人类的终极目标就是提升自我，要达到这个目标，就必须先认识自我。我们需要问自己的问题就是：今天我能做什么来提升我对自己的理解，成为一个更好的人？

　　1971年李小龙在香港接受采访时，被问到他对这些不断想要通过挑衅他来"证明自己"的人是什么态度。他的回答，我相信，值得所有轻易就被别人的行为影响的人深思：

这些向我挑衅的人心理肯定有些问题。因为如果他们心理健康，就不会挑衅别人，想要跟别人打架。另外，你提到的这些向我挑衅的人，大多数都是因为没有安全感，才想跟我格斗，达到他们不可告人的目的。在今天的世界，一切问题都可以用法律解决。就算是你要为父亲报仇，也不需要跟别人格斗。我刚开始学武术的时候，也向很多资深的师父发起过挑衅。但是后来我认识到，挑衅是一回事，选择如何去应对它又是另外一回事。

你对挑衅的反应是什么？它是怎样给你带来困扰的？如果你有安全感，就不会对它有太大的反应，因为你会问自己："我真的害怕那个人吗？我可以确定他不会让我不安吗？"如果你没有这种疑虑和恐惧，就一定会用云淡风轻的态度去面对它。

李小龙接着又用了一个暗喻，这个暗喻是他对待人生低谷的哲学基础。在人生道路显得太陡峭，无法攀登时，我们可以用这个暗喻来鼓励自己："我们要把困难看成是暴风雨。今天可能狂风大作、暴雨倾盆，但是明天，太阳又会出来，又将是晴朗的一天。"

换句话说，让我们苦恼的事情本质上都是暂时的，跟暴风雨一样，它们的存在只会在一段时间内让我们的环境显得灰暗。但是跟暴风雨一样，人生的低谷不会永远持续下去，低谷一过，又是阳光明媚的大晴天，人生自然又会恢复平衡。

正如生物的成长需要阳光和雨露一样，灵魂的成长也需要和谐和逆境。正如太阳和雨水互为补充，完成一个成长的循环一样，问题和解决方案也是互为补充的。它们像阴/阳一样相互依赖，构成了所有事物之道。

第十章
减　压

　　与严格遵循阴 / 阳法则相一致的是，李小龙认为心理和身体是构成一个整体的两个部分。换句话说，心理健康需要由互为补充的身体健康来平衡。为了达到这个目的，李小龙的个人哲学也在朝着最大化更大整体的两个组成部分而发展。培养这两个部分的一个基本问题就是：如何才能减少身体和思想上的压力，李小龙认为这些压力阻碍了生命自然而普遍的流动。他认为，通过锻炼消除这种障碍，就能获得更加喜悦和无压力的生活。

　　已故的压力研究先驱汉斯·塞利博士认为，精神上的压力会带来各种身体疾病，包括心脏病、酒精中毒和肥胖症等。相反，塞利博士认为，减少压力就在很大程度上解决了这些问题。人们通常把压力跟工作和噪声联系在一起，但是剧烈运动、身体不健康的威胁、割破手指之类的身体伤害或者老朋友的意见等都会带来压力。塞利发现，身体对快乐和成功、失败和悲伤的反应是一样的。换句话说，我们认为好的和坏的反应都可以带来压力，事实上，每个人都会承受一定的压力，甚至在睡觉的时候都是如此。压力的确切定义应该是经历各种生命体验的身体的劳累程度，它的影响取决于我们能在何种程度上成功地释放这些积累在我们身体内的紧张感。

　　当然，定期释放积累的情绪是一件好事，很明显，运动是释放情绪的绝佳渠道。我们知道，我们生活在一个机械化的时代，只需要按动按钮，一切事情都可以被完成。我们乘坐电梯、汽车、公交车和出租车，手拿遥控器坐在电视前面，一坐就是好几个小时。著名的欧洲健美创始人和作家尤金·山道曾经指出，"生命在于运动"，如果我们不活动肌肉，身体就会越来越差，在没变老之前就一脸老态。缺乏锻炼，我们的血液循环就会减慢，细胞也会缺乏运行到最理想状态

李小龙相信各种形式的体育锻炼——包括瑜伽。在这张照片里，一个安静的下午，李小龙在西雅图的华盛顿湖码头盘腿打坐。

所需要的氧气。很多人都在忍受长期的疲劳，他们觉得太累了，根本不想做运动，但是通过运动释放紧张后就会发现，他们的力量和耐力都提高了，运动之后精力也会更加旺盛。

思想和身体的连接

李小龙是世界上最有活力的人之一，这并不是偶然的。李小龙一直都在锻炼，想要达到自己的身体极限。他对训练有热情是因为，每次训练之后，他不仅拥有更强健的身体，而且在灵魂上有了更多的对自己的理解（增加了他对自己的极限和能力的理解）；这就带来了更多的对自我的认识，或者用李小龙的话说："灵魂的觉醒。"李小龙在 1971 年对访问人泰德·托马斯说："对我来说最重要的事情就是，在学习如何使用我的身体的过程中，如何才能更加理解自己。"

李小龙是一个热情的健美爱好者，但是这本书无法深入介绍他的训练、保持健康和健美的方法。我们把注意力集中到李小龙养生法的一个非常重要的方面——静态收缩——以及它对释放压力的作用。

静态收缩

李小龙十分重视静态收缩的价值，不仅专门推荐给学生练习，而且还把它纳入了自己的训练。对那些想要寻找更方

李小龙在每日训练中加入减压练习有很
多好处——其中之一就是为孩子的成长
提供一个更加健康的环境。

便的健美方式的人来说，它无疑是一个最简单的方法。从小
孩到老人，人人都可以从李小龙的静态收缩练习中获益。而
就方便性而言，它也算得上是无可匹敌的——每天只需要花
三分钟时间就可以了。我们要考虑的另外一个方便因素就是，
这些简单的练习随时随地都可以完成——你可以在卧室做、
酒店房间做，或者在客厅做——在任何环境中都可以做。

　　李小龙的静态收缩训练不需要任何技巧，不需要太多
练习就可以掌握，第一次就可以做好。它还是一项私人运
动，跟跑步（李小龙非常喜欢跑步）一样，你只需要跟自己
竞争。静态收缩的时间很短，见效却很快。我们不需要换上

昂贵的健身服，也不会像动态运动一样出一身汗；不需要采购高级的运动器材，也不需要支付当地健康俱乐部的高级会费。至于时间的投入，这个简单而高效的运动也非常节省时间。每天早上只需要花 3 分钟时间，就可以让你的健康上一个台阶。

静态收缩的益处

每天做这些简单的动作，我们就会收获很多。静态收缩训练可以有效地锻炼身体、心智和气（或者说生命力）。在锻炼身体方面，它会用柔软、缓慢和持久的收缩方式放松所有主要的肌肉群，各人可以根据自己的喜好选择从易到难的运动。规律的静态收缩练习不仅可以发展韧带和肌腱，还可以强化心脏（心脏本身也是肌肉），改善从心脏到四肢的血液循环。

在锻炼思想方面，静态收缩的每个动作都把注意力放到了目标器官上，隔离了一切让人分心的想法，这样就可以放松思想，提高思想的专注力。在培养内心的武士或者说身体里的气方面，做这些动作可以让我们的呼吸变得更深触及腹部，而不是传统上的胸腔。腹式呼吸的好处在于，在呼吸时，我们会清空肺里的空气，然后又注入新鲜的空气。腹式呼吸的实际医学效果也很明显。它对初学者的影响更大。通过鼻子深深吸气，通过嘴呼出空气（注意要让胸腔保持不动，用腹部进行呼吸），人就可以增加体内的气，享受气带来的强大的内在平静的益处。

这些动作还会对我们的中枢神经系统产生巨大的影响，因为在训练中我们必须集中注意力，不能让自己分心，要在放松中寻求平静，收缩肌肉时就要用到意识。这种紧张和放松的交替只有在大脑的指导下才能完成，这又锻炼了中枢神经系统。

这套动作还会给循环系统和呼吸系统带来有益的影响，在体内影响气，在体外影响肌肉、骨骼和皮肤。呼吸应该深、长、自然和放松，我们要结合横膈膜和腹部肌肉运动的规律、平稳的呼吸，把注意力集中在下腹部区域（中国人把这个区域叫作丹田区）。这种运动会促进血液循环，扩张冠状动脉，加强身体的氧化能力。

虽然李小龙自己做的是各种各样的静态收缩运动（从使用张力计到静力架的等长收缩练习），但这个章节重点关注的是最方便、减压效果最好的运动。这套运动由 4 组静态伸缩练习和 2 组传统练习组成，一共 6 组。除了方便之外，还会给人带来多方面的好处。我们建议您在舒适的床上完成这些练习。

你可以按自己的喜好加大或减小运动的强度。如果你体态健美，就加大强度，直到你能承受的极限。如果你离健美还很远或者正在走向健美的途中，就可以拉紧肌肉，直到它变硬，然后按照规定时间保持收缩状态。

运动计划

根据李小龙的指导，学生在每天起床前，需要做下面的静态收缩练习：

1. **全身伸展**。做 5 组全身伸展。把双腿朝一个方向尽量伸展，再把双臂朝反方向尽量伸展。保持 3 秒钟，然后放松 2 秒钟。总共耗时：25 秒。

2. **拱背练习**。做 5 组拱背练习：双腿弯曲，直到大腿的后面刚好接触到小腿肚后面，然后慢慢把臀部朝天花板的方向推移，同时收缩臀部的肌肉，用双腿轻轻推动。每个拱背练习做 3 秒钟，然后放松 2 秒钟。总共耗时：25 秒。

3. **拉紧腿部肌肉**。做 12 组腿部肌肉紧致练习。慢慢地伸展你的双腿，然后拉紧大腿的肌肉。保持这个完全收缩的状态 3 秒，然后放松 2 秒钟。总共耗时：60 秒。

4. **腹部肌肉拉紧**。做 10 组腹部肌肉紧致练习：完全收缩腹部肌肉，跟排便时（请原谅我用这么不雅的词）的状态类似。收缩最大化的状态保持 3 秒，然后放松 2 秒钟。总共耗时：50 秒。

李小龙极为强调腹部，把它看成是保持健美和健康最重要的区域。他在 20 世纪 60 年代早期在某报纸对他的采访中这样说道："我的力量都是来自腹部。它是重力的中心和真正力量的来源。"

在这套运动完成时，李小龙建议学生们练习下面这两种标准（或称非静态收缩）方式的腹部运动。

5. 摸脚趾的仰卧起坐。做 5 个摸脚趾的仰卧起坐：平躺在床垫上，双腿完全伸展，双臂放在头下面。身体慢慢抬起，双手向前伸展，直到它们接触到脚趾。简短地保持这个姿势，然后回到平躺状态。总共耗时：10 秒。

6. 屈腿练习。做 5 个屈腿练习：平躺在床垫上，双手放在头下面。慢慢弯曲双腿，把它们放到胸前，将肌肉拉伸到最大程度，简短地保持这个姿势，然后回到平躺状态。总共耗时：10 秒钟。

这几组动作就这样完成了。总共耗时：3 分钟。

写到这里，我必须说清楚，这几组运动不会让你像李小龙一样瘦、肌肉发达和有力。为了达到作为一个武士所必需的健美标准，需要在每日训练中加入特定的练习（而且要做很多练习）。我刚才列出的、李小龙推荐的几组练习只是减少身体压力的有效方法，同时它带来完全的健康，对身体、思想和灵魂都有益处。

第三部分

内心的武士

第十一章
截拳道——量子观点

　　根据道家的观点，宇宙的真正起源是一个由相互联系的各个部分组成的过程。一开始宇宙处于无极状态（真空或无存在的状态），能量的两个变化过程——阴和阳——从真空中发展出来。它们的相互作用产生了气，气以不同的频率跳动，成为形成宇宙的能量，以及天地万物——石头、植物、太阳系，以及人类的各个方面，从肌肉活动到基因到思想，再到灵魂觉醒——存在的必要条件。

　　气的力量在李小龙身上展现得最好的是在灵魂领域。很多人都知道他是格斗的武士，但是认识他的人都知道，他真正的力量在于内心。确实，李小龙灵魂的武士才是驱动他每个动作的坚韧力量。李小龙也完全能意识到这种力量的重要性，他在 1962 年给香港的老朋友写信的时候是这样评价这种力量的：

　　　　我感觉我身体里有着巨大的创造性的精神力量，它

在李小龙的第三部中文电影《猛龙过江》(在美国上映时的名字叫作
Return of the Dragon)的一个场景中,李小龙(右)用勾踢腿踢向韩国
合气道对手黄仁植(Whang In-Sik),他能瞬间看到出招机会,以此展示
了截拳道的核心教义。

比信仰、野心、自信、决心、想象力都要强大。它是这
些东西的总和……不管它是不是上帝,我都能感觉到
它,它是没有被开发的力量,是充满活力的力量。这种
感觉无法用语言形容,没有任何一种体验可以比得上这
种感觉。它就像掺杂了信仰的强烈情绪,但是比信仰还
要强烈。

李小龙利用的这种"内在武士"让他在实现自己目标时
有着全然的自信。

把小石子扔进一池水里,池子里就会泛起涟漪,扩

散到整个池子。我做好确定的行动计划时，我的思想也像小石子一样，激起我整个脑海的涟漪。我可以预见到未来，我会做一个梦想家（记住，现实的梦想家永远都不会放弃）……我不会轻易分心，我很乐意想象自己克服障碍，战胜挫折，实现"不可能"的目标。

李小龙一旦接触到真实的自我，就会一直坚信，并在任何可能的时间去表达它，不管是通过电影这个媒介，还是通过他跟朋友和家人的关系，抑或是通过武术的练习，他把武术称为"表达人类身体的艺术"。我们要认识到，截拳道，或者说拦截拳头之道，是以身体训练和各种格斗技巧为核心的武术，也是一门支撑练习者并使其相互关联从而达到更高灵魂意识的哲学，认识到这一点非常重要。

本书无法概括李小龙武术的全部内容及其深度。在这一章中，我想谈论的是截拳道的哲学方面，在第二章到第五章中我们也在道家原则的语境里探讨过这种哲学。

我们可以肯定李小龙是一个完整的人（身体、思想和灵魂都是），还可以肯定他是一个老师，或者说师父。他努力培养学生们深入理解武术的这两个组成成分。他不希望别人把他的课程仅仅看成是武术的另外一种形式，因为把这种自我发展的过程称为一种"形式"会限制，而不会帮助个人以任何有意义的方式成长。

事实上，从某个特定的背景中去看，武术的多种形式就是种族主义的各种形式。大多数形式都认为它们的艺术——以及其发源国——优于其他所有艺术。这种推理只能循环论证：日本的空手道是最好的，因为它是日本的；韩国的跆拳道高人一等，因为它是韩国的；菲律宾武术比其他武术形式好，因为它是菲律宾的。

当然，你还会听到其他形式的支持者提出的其他合理化解释，来说明为什么他们的是最好的，比如说"跆拳道强调对腿的使用，毕竟，腿是人身上最长的武器，所以应该被强调，这样就可以在不被袭击的同时增加先发制人的机会"，或者"巴西柔术是最好的，因为真实格斗的 90% 最后都是在地上完成的"。但是深入来看，这些支持者都会回归同一个问题，那就是传统的问题——它是最好的，因为它是巴西的、中国的、美国的、日本的、印度尼西亚的或者是韩国的。但是，如果看到整体的情况，我们就会很快意识到，这些并不是充分的理由，而是由于短视而作出的无法令人信服的判断，李小龙就深刻地意识到了这一点。

在他的世界观形成的时候，李小龙看到的不是一个个单一的形式，而是一个整体，他看到的是连接所有形式最优成分的共同特色——就像他的形而上学连接所有种族一样。人类的共同特点连接各种各样的种族，而物理学和生理学（从人体运动学的角度来说），则是这些不同人群提出的格斗模式的基础。李小龙在 1971 年香港的广播采访中给"哪个形式是最有效的"这个问题提供了一个精彩而准确的答案。他是这么跟泰德·托马斯说的：

> 　　对于这个问题，我的回答就是：不在整体之中，就
> 没有有效的部分。我的意思是，我自己不相信"形式"
> 这个词。为什么呢？因为除非一个人有三只胳膊、四条
> 腿，或者世界上还存在着跟我们有不同结构的一群生
> 物，否则世界上就没有不同的格斗形式。为什么呢？因
> 为我们都只有两只胳膊两条腿。重要的是，我们如何最
> 大化利用它们……人们因为形式被分开。他们没有团结
> 在一起，因为形式会变成法则。这些形式最初的创立者
> 提出的只是假设，但是这些假设现在变成了福音书一样
> 的真理，遵循某种形式的人就成了这个形式的产物。不
> 管你是什么样的人，你是谁，你是如何成长的……这些
> 都不重要。你只会遵循某个形式，然后就成为它的产
> 物。而这在我看来是不对的。

　　人们为防止自己所用的形式被孤立，将其所用的各种
形式合理化，但是李小龙说，这些形式不过是格斗这个更大
的整体的有效部分。李小龙可能会赞同以下观点，踢腿用的
是身体最长的武器，如果有人要用拳头袭击你，你可以抢先
用腿袭击他，但他还指出，这种片面的想法忽视了很多的
因素。比如说，要是有人在你踢腿之前就把你的双腿抓住了
呢？如果你的腿受伤了呢？如果你没踢准呢？很明显，在这

尽管李小龙熟悉各种形式的踢腿，这张照片中展示的就是一个跳跃侧踢，但他也意识到，要成为技艺高超的功夫大师，即使是最伟大的踢腿武士都需要用很多的手上技巧和抓取技巧来平衡自己的技术储备。

些情况下，踢腿的人就处于劣势，没有办法保护自己。

而精通擒拿或者地面格斗的人会欣然向喜欢用腿袭击的人指出擒拿和地面格斗的优势。但是，他们一样缺乏远见。比如说，他们提出"90% 的街头格斗最后都是在地上完成的"。这是一个非常有趣的说法，因为 100% 的街头格斗都开始于站立姿势，而如果出现 10% 的情况，也就是说，对手一直处于站立姿势，又该怎么做呢？如果你在地上正跟对手扭打在一起，他的三个朋友突然出现了呢？这种想法正像把所有的鸡蛋都放在一个篮子里（一概而论）。

李小龙给这些武士的建议更有哲学性——做一个平衡的武士，看到大局，而不是某一种格斗形式："在形式或者派别方面，不要去想它们是正确的还是错误的，也不要去想哪个更好。不要支持或反对任何一个形式或派别。因为在春天的风景里，没有更好或者更坏。开花的树枝会自然地生长，有的长一些，有的短一些。"

对李小龙来说，没有一个方法包含所有的答案，某些个人使用某些形式时，会用有价值的方法，但是这并不意味着，这个方法就适用于所有人，或者在所有格斗领域中都有效——这就是李小龙所谓的"整体"。

"问题在于，你该做什么必须由具体的情境来决定。"李小龙指出，"但是太多人看到'具体的情境'时，想的却是所谓的形式。"

在格斗以外的领域，我们要看到整个形势，记住：没有任何一个系统、领导人或者圣人可以解决你所有的问题。明白阴／阳概念的背景，也就是永远不要走极端；要保持中立，这样你就拥有了自然整体的力量。李小龙把很多当代人在武术上的偏见归根于一个古老的问题，也就是试图把不自然的规则或局限强加到人身上的问题。跟道结合，就必须遵从无为的不刻意的本质。为了达到这个目的，他写出了一篇精彩的哲学论文，名字叫作《三个修炼阶段》。

三个修炼阶段

李小龙相信，要知晓和精通任何事情（包括武术），都要经过三个阶段，他称之为三个修炼阶段：

> 伟大的阶段是原始的阶段。这是一个无知的初始阶段，这个阶段的人根本不了解格斗的艺术。他只会本能地进攻和防守，不知道什么是正确的，什么是错误的。当然，他的动作可能不符合科学的格斗方法，但是他完全在做自己，所以他的进攻和防守都是灵活的。

这是一个无知的阶段，这个阶段的人根本不熟悉眼前的问题。他的反应都是自然和本能的，也就是说，是诚实的。但是，由于他缺乏必需的知识和训练，所以他的反应经常是不合理的。有了更多的练习和专注力，就会进入第二个阶段：

> 第二个阶段——成熟的阶段，或者说机械的阶段——开始于训练开始的时候。这个阶段的人会学习各种各样的拦截、袭击、踢腿、站立、呼吸和思考的方式。他无疑会获得格斗的科学知识，但是不幸的是，他原先自由自在的感觉已经丢失了，他的动作不再自由。他的思想会计算和分析不同的动作，更严重的是，他可能会被"知识束缚住"或者脱离真正的现实。

这个成熟阶段（李小龙也称之为"艺术阶段"）是个人发展的必要步骤。虽然它在本质上会限制人的动作（它会指导你如何行动，所以会限制个人采用某种特定方法），但是它是一个不可避免的步骤，它会培养"经过训练的反应"，也会为了在潜意识的肥沃土壤里成功地获得和应用更高的直觉知识播下真理的种子。但是，个人在这个阶段是看不到这个过程的，他会因为学会了模仿做事情的"正确"方式而感到骄傲。而在潜意识中，随着神经肌肉通路的形成，他拥有了一个更重要的学习形式。换句话说，你学习的这些技巧之所以正确，并不是因为你的老师说它正确，而是因为它符合特定的宇宙秩序——现实，而且它也可以运用于你的特定训练。一旦在第二个阶段达到精通的程度，就可以同第二个阶段——最高的阶段——返璞归真或者说"自然"的状态发展：

> 第三个阶段——自然的阶段——经过数年的严肃和艰苦的训练才会出现。在这个阶段，学生会意识到，功夫并不是什么特别的东西。他不会强迫自己，而是像水冲击泥墙一样调整自己，去适应对手。水可以流过最小的缝隙。这个阶段的学生不会刻意去做什么，而是像水一样，没有目的，没有形式。他的所有经典技艺和标准形式如果没有完全去除的话，也会被最小化，只有无形会留存下来。他再也不会受到束缚。

你们现在可能也知道了，第三个过程要求你回到最初无知的原始阶段——换句话说，你要回到真正的自我。为了更好地理解截拳道哲学的核心原则，我们可以看看这些原则在武术之外的领域的应用。下面是赫伯的例子。

赫伯不愿意接受学习舞蹈的提议，但是他的妻子玛姬厌倦了每个周末都待在家里。她跟赫伯理论说，"孩子们都长大了，我们的生活也不应该仅仅是打理花园和看电视，应该还有更精彩的内容"。赫伯不想去学跳舞，但是又不愿意让妻子伤心，毕竟他爱了这个女人40多年。他不情不愿地跟妻子去上了第一节舞蹈课。舞蹈学院的老师格洛丽亚对赫伯和玛姬的到来表示欢迎。格洛丽亚解释说："如果决定了要学习舞蹈，第一件事就是要学习舞步。"她又继续教夫妇俩最基本的舞蹈动作。

赫伯学得很不情愿。"学不会，刻意尝试的样子就像个傻子"，第一节课之后，他在泡磨伤的双脚时对玛姬说。渐渐地，经过几个星期的学习，赫伯熟悉了最基本的动作，发现自己不再需要花很多精力来记舞步。事实上，他不需要关注舞步，他只需要听着音乐的节奏和节拍。很快他就发现，他的脚会自动随着节拍移动。赫伯渐渐开始享受每周六晚上和玛姬在舞厅的时光。他甚至还会自创舞步，时不时跳上几个自己设计的动作。这时候玛姬就会大笑，赫伯也会跟着笑起来——他们玩得很开心。

赫伯又回到舞蹈班去学习不同形式的舞蹈，他注意到虽然不同舞蹈形式的舞步和节奏都不一样，但是潜在的学习过程都是相同的。也就是说，赫伯一开始根本不了解他想学的具体舞蹈（无知的阶段）。之后他学习了如何跳复杂的舞步（成熟的阶段）。熟悉了基本的动作之后，他发现自己再也不需要关注舞步，他可以随着音乐的流动和节奏自由地舞蹈（自然的阶段）。

李小龙在所有来学习他革命性的截拳道武术哲学的学生身上都看到了获取知识的这三个阶段。一开始，他们会发现这些动作很难做，然后做动作会变得轻松，最后动作会成为他们身体的一部分，做起来毫不费力。他注意到，截拳道的最后一个阶段，学生不会刻意地去做什么。你会完全忘记你的技艺、你的对手，甚至你自己。一切都会自由地流动，形成一个和谐的整体。

抛开揭示三个阶段哲学的形式（这里是武术和舞蹈），我们可以观察到，无论我们决定要学习什么，要达到精通的程度，都要经历这三个阶段。

李小龙在给一个叫乔治·李（没有亲属关系）的朋友和学生写的信中，让他设计挂在墙上的、象征三个修炼阶段的标识。伟大的标识是一个阴 / 阳符号，有一个红色的半圆和一个金色的半圆，两个半圆中都没有点。这个标识很好地阐释了极端的两极分化，两个半圆中都没有另外一个半圆的颜色。为了强调这一点，我们可以说这两个半圆跟彼此是分离的。李小龙认为，这个标识的题字应该是：

不完整——走极端

第二个标识是一个普通的阴 / 阳符号，只不过在李小龙选的两种颜色中，红色的半圆里有一个金色的小点，金色的半圆中有一个红色的小点。李小龙又在周围加了箭头的标志，显示阴 / 阳永不停歇地向对方转化。这个标识的题字应该是：

流动——整体的两个部分

第三个标识就是一个空白的白板，上面什么都没有，只有一句话：

空白——无形的形式

换句话说，在第三个阶段，我们就回归到了无知的状态，或者说"没有规则"的状态。但是这个无知的状态已经没有了不完整，也无分离和看待现实的两极滤镜。这个状态下的人已经超越了自我，延伸了自我，超越了有限的不完整的自我，跟更大的宇宙整体进行了终极连接。

为了进一步强调这个进化过程，李小龙为自己的截拳道艺术创造了一个独特的分级系统。一个白色或者空白的圆圈代表第 1 级——完全的初学者。第 2 级到第 7 级分别用不同颜色的阴／阳符号表示。但是第8级，也就是最高的一级，也是用一个白色的圆圈来表示的。这个简单但是深刻的符号系统反映了李小龙对最高深和最深刻的道家原则——无极的原则——的透彻理解。

根据道家思想所说，空白或者白色的圆圈代表的是无极，无极包含了一切事物。这个白色圆圈表明，学生完全不了解武术，不了解任何形式（这就是无极，是学生没有任何技术的无形式阶段）。太极图或者说阴／阳图可以让学生了解技术的原理，理解了动和静的各种原则。它代表的是构成各种形式的格斗基础的、有关力量产生以及动和静的所有规则。

最后，如果学截拳道的学生能够坚持不懈，有足够的热诚，就可以超越所有的武术形式——完全理解了控制格斗的

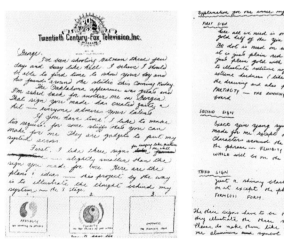

李小龙给乔治·李写的信件片段。在这封信中，李小龙请乔治设计三个修炼阶段的标识。在20世纪60年代末期，这三个标识都挂在李小龙在唐人街的截拳道学校里。

所有形式以及生活的宇宙法则——他就可以凭直觉任意地、但是正确地袭击和躲避袭击。这个阶段由白色或者空白的圆圈所代表，可以被认为是空白的状态，显示学生已经超越了"事物"——或者说"形式"——因而获得了更深的洞见。他是"所有的形式"或者"所有的事物"，所以，他不会被任何特定的行动或者看待人生的"方式"所约束。李小龙在截拳道的太极图周围加上了这样两行中文字：

以无法为有法
以无限为有限

截拳道哲学呈现的是一个过程，是自我发现和灵魂成长的一道阶梯。它是跟你最内在的自己取得联系的方法，所以世界上没有为了进行指导而将它系统化的"方式"。换句话说，它是通往个人化的目标的方法，没有一个人可以把截拳道的经验传授给另外一个人，就像他无法代替另外一个人吃饭一样。1971年李小龙在接受《黑带》杂志的采访时说道，截拳道可以归结为让你从束缚你的东西中解放的方式：

> 你必须接受一个事实：除了自救之外，没有人能够救你。同样，我不能告诉你如何"获得"自由——因为自由就在你自己身上——我不能告诉你如何获得"对自己的认知"。我可以告诉你不能做什么，但是我不能告

诉你应该做什么，因为这样就会限制你使用某个特定的方法。公式只会抑制自由，外在的规定只会压抑创造力，让你变得平庸。你要记住，严格地遵循某个公式，不会带给你从对自我的认知中获得的自由；我们不会突然"变得"自由，我们"就是"自由的。

这种方法就意味着，李小龙并不会授予各种颜色的缎带——其他的武术学校会颁发缎带——来显示在截拳道这种武术哲学中的进步。他认为，颁发缎带只会奖励和鼓励个人"积累"知识的能力，而这就往错误的方向迈进一步了。

学习绝对不是单纯的模仿，也不是积累和重复固有知识的能力。学习是一个不断发现的过程——一个永无止境的过程。在截拳道中，我们不是以积累知识为开始，而是以发现我们无知的源头为开始——这个发现是一个不断丢弃的过程。

这个丢弃的过程的关键就在于三个修炼阶段产生的实际直觉。如果某种做事情的特定方式对某个人特别有效，他就应该把它纳入自己的生活。如果无效，就应该丢弃。这个法则可以被应用于任何事情：从格斗到成功地找到工作。如果你发现了喜欢的东西，或者更重要的是，你发现了对你来说起作用的东西，你就应该丝丝缕缕地去分析它，直到你找到它的实质，或者说根源——它的有效性的真正源头。一旦你发现了它的根源，你就可以在有效的范围内自由发挥，最后完善它，让它更好地符合你自己个人的性格和自然趋势。

李小龙加班加点地训练，将这个过程量化，形成了自我启蒙的四步指南，这最后成为解释截拳道真正本质的指导原则。

1. 研究你自己的经历
2. 吸收有用的东西
3. 丢弃无用的东西
4. 加上专属于你自己的东西

这就是李小龙对个人成长的描述。如果能把这四个原则应用于任何活动或者追求，我们就会拥有更加丰富的灵魂，更加富有创造力。把这些规则运用于日常活动就可以培养出一种独特的观念，它最终会创造出更重要，更富有成效，对艺术、文学、科学乃至文化有贡献的人。这并不意味着，对一个人有用的东西就会对另一个人有同样的作用。李小龙提供的并不是千篇一律的万能哲学。换句话说，李小龙相信，对自我的认识是每个人必须自己去经历的事情。真理来自体验，它无法由一个人传递给另一个人，就像人无法通过看朋友去伦敦度假的照片就会以有意义的方式体验旅行一样。事实上，李小龙在他设计的另外一个标识中更明确地解决了这个问题：

格斗的真理因人而异

他再一次提醒学生，要注意成功个体采用的某个行为模式并非他成功的唯一因素："学习截拳道的同学们，听我一句……所有固定的模式都没有适应性和灵活性。真理在所有固定模式之外。"

截拳道哲学的整个概念框架的基础就是道家的实用主义。也就是说，你必须跟自己——真正的自己——协调一致，这样你就可以觉察出所有问题的答案。它会对我有效吗？它会让我获益吗？如果答案是否定的，就可以直接跳到第 3 个原则，把它当作无用的东西丢弃。但是，如果你所体验的东西有对你有用的潜力，你就可以把它当作有用的东西吸收，再过渡到第 4 个原则，去培养它，认真地检查它的不同应用方式，直到你把它转化成自己的、能够为你所用的东西。

你可能还记得李小龙乘坐平底船在海上学习到的教诲，他发现了道的真实本质，或者说宇宙作为一个整体的自然运作方式。他把这个教训带入了他所做的每件事情中，包括他自我表达的个人风格的形成：

截拳道是通往格斗的终极现实的训练和学科。终极现实是简单直接而又自由的。一个真正的截拳道手永远不会直接对抗对手或者完全迁就对手。他像弹簧一样灵活，会补充对手的力量。他会用对手的技艺来创造自己的技艺。你应该在没有提前安排的情况下应对任何情境；你的动作要像跟随物体而动的影子一样迅速。

到现在，你一定已经学会了无为这个教诲，以及——用李小龙的话说——能屈能伸的原则。要实现这两个原则，就要引入第 3 个原则——无心的原则。李小龙认为，经历自然过程的最好方式就是放松，放下极度专注的重担，然后集中注意力：“不紧张，但是做好准备。没有思考和做梦，不固定但是灵活应变——完整地、安静地存在，有意识、有警觉性，做好了应对一切的准备。”

根据李小龙所说，要实现截拳道之道，就需要这种无心的状态。截拳道的学生必须有一个空白的思想。但他们不能思考空白，因为这明显又是在思考（思考空白也是努力——为——的过程）。他认为，宇宙中的一切事物都跟其他事物相连；一切事物都会相互作用，相互作用的过程是必需的，是相互依赖的，它构成了完整的宇宙。

相应地，艾伦·沃茨的蜈蚣故事很好地表达了截拳道的学生所追求的无心状态。正如李小龙所解释的：

百脚虫被问到它是如何用这么多只脚行走而没有被它们绊住的。它停下来思考自己是如何完成每日行走的，结果就被自己绊倒了。生命应该是一个自然的过程，我们不能允许思想的发展让生命的自然流动失去平衡。

　　一旦接触到道，截拳道的学生就可以进入力——个人自己的、自然的自我发展的有机模式——的流动中，这种流动看上去很自然、毫不费力——因为它本来就是自然和毫不费力的——它可以让个人在潜意识的水平上进行各种复杂的活动。在这个觉知阶段，人不需要继续储备像沙袋一样的多余知识。相反，他们应该把大脑的仓库清空，这样在达到个人发展的更高水平时，就不需要背负着像磨石一样沉重的包袱。

　　真正的截拳道之道①，至少根据李小龙所说，并不是积累的过程，也不是增加事实知识的过程，而是不断简化的过程。我们要找出所有事物的根源——按照它们向你揭示的方式——然后用你认为合适的方式把它们运用于生活之中，就像回声紧随声音，影子追随物体一样。正如李小龙所写："在截拳道中，重要的不是你学了多少，而是你吸收了多少，不是你积累了多少知识，而是你能活跃地运用多少知识。'你的品质'比'你能做什么'更加重要。"

　　李小龙的观点很好理解。你也许能看懂莎士比亚的戏剧，能引用伏尔泰、罗素或者一些新兴哲学家的词句；但是

---

① 截拳道之道（Tao of jeet kune do）这个名字并不合适，因为 do 和 tao 是同一回事。do 在粤语里发音为"doe"，普通话里的 tao 在粤语里发音也是"doe"。jeet kune do 的翻译是"拦截拳头的方式"，所以以"tao of jeet kune do"就应该翻译为"拦截拳头的方式之道"（the way of the way of the intercepting fist）。——原注

如果你自己不聪明，不富有创造力，这种教育又有什么意义
呢？根据老子所说：

> 为学日益，
> 为道日损。
> 损之又损，
> 以至于无为。
> 无为而无不为。

在第六章中我们还说过，李小龙相信，最高级的智慧就
是无为的原则，就是不试图违背事物的真正本质的原则。要
理解截拳道的哲学，你就必须学习看到事物的整体，而不是
部分。很明显，这个方法不仅适用于武术；我们作为人类，
也是更大的整体的一部分。换句话说，你应该有量子的观点。

量子观点

量子这个词，在我们的讨论中，指的是整个自然——完
整的现实。它不仅包括更大的、更明显的、我们所熟知的世
界，还包括不可分割的次原子世界。在这个次原子水平上，
每个事物的表现和运作都跟我们用片段的观念去感知的方式
不一样。在这个水平上不存在固体和不变的物体。相反，这
里存在一个无限和动态能量的世界；在这一分钟，粒子是粒

子，下一分钟它就会变成波，再下一分钟它就是广阔而无限的场中的一个形状。在这个量子世界，正如我们在第三章末尾简要提及的那样，完整和整体是大局——是抽象的现实——只是我们观察不到而已。

比如说，我们的感官会向我们报告，我们是固体肉身的主人，我们的肉身以固体的方式存在于时间和空间之中，但是正如狄巴克·乔布拉提出的（并在几乎所有的代表性作品中强调的）一样：

> 这只是最表层的现实……你的身体看上去是由可以分裂成分子和原子的固体物质组成的，但是量子物理告诉我们，每个原子里都有 99.9999% 的空间，而以光速穿越空间的次原子粒子其实是一堆一堆的振动能量。

换句话说，我们站在地面上或是坐在椅子上时，可能会认为自己跟地面和椅子是分离的，也可能会认为这些东西，包括我们自己，都是一堆堆分离的物质，但是在量子层面上，没有什么是同我们分离的。量子场存在于我们身上和周围，还通过我们而存在，我们不是独立的部分，而是相互联系的、更大的整体的一部分。所以，我们只是供养我们的抽象宇宙的缩影，我们在现实中看到的物体也只是抽象宇宙的缩影。

换句话说，更大的整体中没有不互相联系的部分。每个事物都是另一个事物的一部分。我们和宇宙是一个整体。这尤其适用于意识的问题，意识只不过是我们生活的世界的产物。对李小龙的思维方式来说，获取知识是一件很容易的事情，知识几乎完全由简化的艺术构成："修炼的最高形式其实没什么特别的。它就是简单，是用最少的东西表达最多的内容的能力。只有不完整的修炼才会带我们走向复杂。"

李小龙有一次跟他的学生李恺提到了武术中的这个原则：

> 原则就是：如果你可以从任何角度携带着你的武器移动，你就可以对付眼前的任何物体。这个物体越是笨拙，越是有局限，你就越容易击中它。这就是它能达到的效果。事实上，原则就是，利用你的身体，让你意识到，不管你追求的是什么，都可以轻松地实现。

李小龙在接受1967年11月出版的《黑带》杂志的采访中，完美地表达了简单的完整概念，也就是透过表象去看到连接更大的整体的根源。

> 截拳道的卓越之处就在于它的简单。它的每个动作都是它本身。它没有任何不自然的部分。我一直相信，简单的方法就是正确的方法。截拳道只是个人用最小的动作和能量直接表达自己感觉的一种方式。跟功夫的真

正之道越近，浪费的表达就会越少。

李小龙接着又详述了"简单"这个概念：

> 最好的解释来自我们从禅学中借来的东西。在我学习武术之前，拳击就是拳击，踢腿就是踢腿。学习之后，拳击不再是拳击，踢腿也不再是踢腿。现在我理解武术了，拳击又回归为拳击，踢腿也回归为踢腿。

为了完全理解这个说法的重要性，我们可以细细分析一下这个用武术作为暗喻的说法。李小龙提到，在他学习武术之前，拳击就是拳击，踢腿就是踢腿，对于没受过武术训练的人来说确实是这样。但是，李小龙可以看到，在不同的派别中，拳击和踢腿的方式有着细微的或者明显的差别。比如说，他可以看到，泰国跆拳道、韩国跆拳道和刚柔流空手道中踢腿的方式就不一样。他还能发现，西方的拳击、咏春拳和肯波流空手道的拳击方式也不一样。然后，他会看到，有些技巧构成了这些不同之处的基础，其不同之处并不在于这些拳击和踢腿的不同"派别"，而在于它们的肌动学根源，这个根源会把有效的技艺和无效的技艺区分开来。

实际上，李小龙的研究和训练让他又回到了原点，因为他已经意识到，经过了辛苦的研究，拳击就会回归到拳击，踢腿也会回归到踢腿。这个洞见让他得出一个在 20 世纪 60 年代末期的武术世界中颇具革命性的结论："人类这个活着的生物，这个创造的个体比任何固定的派别或者系统都要重要。"

1972 年，有人请他解释这段话的含义，李小龙是这样回答的：

> 我的意思是：人类永远处于学习的过程之中。"派别"是固定的、固化的。但是你不应该只属于某个派别，因为随着你的成长，你每天都在学习。每个人都不应该把自己限定于某个派别。我们必须用真实的自己去接触武术。武术是对自我的表达，如果你属于日本派别，你就只是在表达日本派别——而不是在表达你自己。

对李小龙来说，自我的表达就是至高无上的目标，我们在接下来的章节也可以看到这一点。

第十二章
你就是答案

现在生活对我来说变得越来越简单。我越来越多地在自己身上寻找答案，提出越来越多的问题。我也看得越来越清楚。

李小龙

通往觉悟和真正的内心平静的道路是由自我认识构成的，李小龙把这个现象叫作"灵魂实现"。在给香港的朋友写的一封信中，李小龙评价了通过学习利用这种内心的武士，可以体验和享受到独特的创造力。

在发明很多电气设备的天才查尔斯·斯坦梅茨去世之前，有人曾问他："科学的哪个分支在接下来的 25 年里会取得最大的进步？"他停顿了一下，想了几分钟，然后快速地回答："灵魂实现。"当人类有意识地发觉自己身上伟大的灵魂力量，开始在科学、商业和生活中运用这些力量的时候，他在未来的进步是不可限量的。

为了更好地理解我们身外的宇宙——以及我们在其中的角色，我们就要学习如何运用内心的武士，或者说"内心伟大的灵魂力量"，这对李小龙来说至关重要。换句话说，通过对自己的了解，我们可以去了解别人以及我们周围的世界。李小龙意识到，宇宙是由自己来控制的，它的流动没有特定的规则，所以它并不关心我们个人的欲望和期待。有一个很明显、很容易注意到的事实就是：我们深爱的人最终会逝去，我们极度想要的、会给我们的生活方式带来巨大变化的升职也不会总是发生；而且上帝每实现一个愿望，就会忽略几百万个愿望。所以，宇宙虽然壮丽辉煌，它却不受我们的控制。

但是，正如弗朗西斯·培根所指出的："要控制自然，就要服从自然"，这对李小龙来说就意味着，如果我们可以跟道结合，可以学习宇宙运行的方式以及了解我们在其中的角色，就可以了解我们所拥有的，能够在我们力所能及的范围内改变生活的某些方面的力量，并将我们的长久的健康、成功和继续生存的概率最大化——当然，还可以达成我们最富幻想性的野心：思想的平静。关于这一点，李小龙说得很简洁："总之，我的一切计划和行动的目标就是找到生命的真正意义——思想的平静……为了达到思想的平静，道教和禅学所教授的超然态度被证明是很有价值的。"

为了达到这个目的,李小龙求诸道以及道中无极、阴/阳和不干预自然的法则以及和谐法则等概念。李小龙从这些原则中学习到,人类是自然的一部分,并非跟自然对立,人类生活的目的和意义应该来自人自身,来自反省和自我理解的过程。换句话说,来自从智力上、情绪上和精神上了解真正的你自己的过程。

李小龙发现,武术是这样一种活动:它为人类提供了自我认识的方法:"我学习武术是因为,我发现它是一面反映自己的镜子。我个人认为所有类型的知识——不管是什么知识——最终都意味着对自我的认识。"

理解了这一点,李小龙就把武术指导看成是让个人跟内心的武士,或者说真正的自己相联系的一种方式:

> 我告诉我的学生,所有类型的知识最终都意味着对自我的认识。所以,我的学生报名学习,要学的与其说是如何攻击别人,倒不如说是学习如何通过动作表达自己——不管自己的情绪是愤怒、开心还是别的什么。所以,换句话说,我想说的是,他们交学费是为了让我向他们展示在格斗领域表达人类身体的艺术。

根据李小龙的看法,个人成就最高的阶段就是诚实的自我表达阶段。他相信,诚实的自我表达要求个人变成"生活的艺术家"，而要成为生活的艺术家，就要严格地保持灵魂和智力上的诚实：

> 基本上，我是自己选择做武术家的，演员只是我的职业。但是，我希望能实现自己，成为生活的艺术家……所以，要成为武术家就必须成为生活的艺术家。因为生活是一个不断发展的过程，所以个人应该在这个过程中流动，发现自己如何能实现自我、扩展自我。

我们越读李小龙的文字，就越能明显地感受到他有多么重视把艺术作为获得解放的方式和获得自我认识的工具。进一步来说，艺术——这个概念——不应该单纯从武术的角度去看。如果你记得第一章中有关功夫的真正意义的观点，你就会记得，它体现在个人揭示克己能力的任何事情或者活动之中。这当然是李小龙的观点，他认为艺术家可以是从现代舞者到电影导演的任何人。在评价艺术的本质以及它与自我认识的关系方面，李小龙写下了下面的思想：

> 艺术要求我们完全掌握某种技艺，从灵魂深处发展出深刻的思想。
> 艺术是对生命的表达，它超越了时间和空间。每个动作后面都埋藏着灵魂的音乐。艺术会通过对事物的内在本质的心灵理解表现出来，会揭示人类跟无的关系，

以及人类和绝对本质的联系。

艺术创造就是个性的心灵展露，个性深深植根于无之中。它会带来个人灵魂的深化。

在这个方面，李小龙认为，艺术的技艺本身并非艺术的完美，因为艺术在定义上就是不断发展的过程，换句话说，是个人心灵的发展。这样的话，我们并不能在结构清晰的方法或者技艺中找到这个过程的完美，这种完美是从人类灵魂中流露出来的。根据李小龙所说："艺术活动不只是艺术。它会进入一个更深的世界，在这个世界中，人类可以在事物的所有艺术形式中体验内在的流动，灵魂和宇宙在'无'中的和谐会产生现实结果。"

希腊著名的哲学家柏拉图，在一篇对话中把人类的灵魂比作由两匹马往相反方向拉的马车。马车的驾车人代表着我们的控制中心，他把这种控制比作理性，这两匹马就是灵魂（柏拉图认为是我们高贵的情绪）和欲望。李小龙则把灵魂——内在的自我——看成是两种力量的结合：自然本能（比如说我们自然的、纯净的自我）和控制（我们的逻辑和结构清晰的自我）。在他著名的《遗失的访谈》中，李小龙提供了下面这个类比：

一方面，我们有自然本能和控制能力。你要把两者和谐地结合起来。如果只培养一个方面，比如说自然本能，你就会变得非常不科学。如果你把控制用到一个极端，你就会突然变成一个机械的人，不再是一个活生生的人。所以我努力教授两者的成功结合，不是单纯的自然或者不自然。我的理想是不自然的自然和自然的不自然。

西方人的思想经过了几千年理论知识的训练，很难理解这样一种轻松、自然的哲学。我们的文化现在不会——可能从希腊时期开始就没有——把哲学和艺术跟武术之类的运动结合起来，但是李小龙的态度很明显——这些仅仅是同一个整体的不同方面：

> 对我来说，武术最终意味着诚实地表达自己。这一点很难做到。要进行武术表演，为我的技艺有多令人印象深刻、有多酷而感到骄傲自满，这是一件很容易的事情。我可以在这条虚假的道路上越行越远，但我只是想给你留下深刻的印象，而不是在真正地表达自己。但是要诚实地表达自己——不向自己撒谎，我的朋友，这，不是件容易的事情。

那么，个人如何学习达到这种诚实地表达自我的水平呢？根据李小龙的看法，要学习诚实地表达自己，就必须严格地保证了解你真正的自己，然后尽量表达真实自我的信念和感觉——不要表达转瞬即逝的情绪状态，而应该表达你灵魂深处诚实的、最内在的感觉。李小龙已经说过，这个过程是不容易的，需要对身体和思想进行日常训练。事实上，只有了解身体和思想的极限与能力，人才能达到真正意义上的灵魂实现。正如李小龙所说：

> 你必须训练。你必须保持你的条件反射，这样在你需要它的时候——它就在那。你想要移动的时候——你就在移动。你移动的时候，就决定要移动！要100%地表达你真实的感觉，少一丁点都不行。这就是你需要训练的内容。你要跟自己的感觉融为一体，这样你思考的时候——感觉就存在。

对李小龙来说，这就是人类的最高成就——不是成功，不是金钱上的回报，也不是其他人的评价和尊重，而是向另外一个人诚实地表达自己灵魂的能力：

> 在生活中，除了真实之外我们还能要求什么呢？我们要实现自己的潜能，而不要把精力浪费在实现某个正在消失的画面上，这个画面是不真实的，会浪费我们宝贵的精力。我们面前有很多工作要做，需要我们的时间和精力。要成长，要发现，我们就需要投入，我每天都在投入——有时候很美好，有时候会感到沮丧。不管怎么样，你都要让内心的光带你走出黑暗。

李小龙看待生活中的安静、满足的意识来自他对自己的深刻理解——他认为自己是浩瀚的、永恒的过程的一部分。

比如说，在李小龙的生活中，他认为不能扮演《功夫》这个电视剧的主角无关紧要。因为他知道他已经努力诚实地表达自己了。通过这个诚实地表达自我的过程，他已经充分地完成了自己的义务，而这就是唯一真正重要的事情。

由于自我认识是开启真正本质之门的钥匙，李小龙看到有人错误地判断他的信息，试图模仿他的行为的时候，只会无奈地摇头。这种行为全然不得要领。李小龙之所以成功，不是因为他"像李小龙"，而是因为他是李小龙，他完全表达的是他内心最深处的真实感觉、情绪和本质。

换句话说，李小龙遵循了自然的自我发展的流动，而不是刻意让真实的自我去适应违背自己真实本质的环境。通过模仿别人的方式和习惯去努力成就自己只会是自欺欺人——
这是刻意而为——而你应该无为，应该以自己的方式成长
和发展。每个人都应该这样做。李小龙在跟香港的主播泰
德·托马斯的谈话中解释了这种高度个人化的成长方式：

> 在 1965 年拍摄电视剧《青蜂侠》的时候，有一天
> 我往四周一看，发现有很多人。我看向自己的时候，发
> 现自己是那里唯一的机器人。我没有在做自己。我只是
> 在积累外在的安全感、外在的技艺——如何移动我的胳
> 膊等——但是我从来没有问自己："如果是李小龙会如何
> 应对——如果——这件事情发生在我身上？"我往四周
> 看的时候，经常会学习到一件事情，那就是，经常要做
> 自己，要表达自己。要对自己有信心。不要去寻找一个
> 成功的人，然后去复制他的成功。在我看来，这个做法
> 在香港十分盛行。他们永远在模仿别人的习惯，但是他
> 们看不到更远的东西。他们从来不会看到自己存在的根
> 源，并且问自己："我怎样才可以做自己？"

有自知之明至关重要。对于人类来说，了解自己比了解
其他任何事物都重要，因为只有了解了自己，才有可能真正
地了解其他事物。李小龙观察到，太多人只看到成功的人完
成了一系列正确的行为。不幸的是，虽然这个是事实，但是
"正确行为"的概念却会因人而异。自我，或者自我意识的

大门的锁把我们同自然的、真实的自我分离开，只有自我认识的钥匙才能将它打开。换句话说，世界上没有适合所有人顿悟的万能钥匙。

如果你试图使用别人获得认识的方式，最后就会强迫自己做事（为），变得沮丧，正如想把 42 码的脚塞进 36 码的鞋子里。这样还会把你带入印度教徒称为摩耶（maya）的假象中，这个会让你分不清幻象和真实。这样，你就会分不清真正的自己和虚假的幻觉。你接下来的人生就会陷入幻觉和真实的两重世界之中，看不到一切事物的基本联系，结果就是，你永远会努力去寻找开启大门的正确钥匙，然而这扇门通往的并不是你真正的自己，而是空洞的灵魂。

李小龙在 1973 年上半年写的随笔《依照我自己的方法》中用下面几行字解释了这个问题：

> 很多人都只为自己外在的形象而活。所以有些人会有自我，会有起点，但是大多数人拥有的却是一片空白。因为他们太忙于塑造自己"这样"或者"那样"的形象，最后把所有的精力浪费在塑造表面的形象上，而不会集中精力提升自己的潜能，或者为了有效地沟通表达、接收和发送整体的能量。当另外一个人看到实现了自我的人从身边经过的时候，就会不禁说："哇，那才是一个真正的人！"

李小龙觉得，任何遵循别人的方法或信仰去教育自己的做法，都朝向了错误的方向。因此，李小龙反对有组织宗教的教义，或者说教条。

1972年记者埃里克斯·本·布洛克问李小龙他的宗教信仰是什么，他回答："我没有任何宗教信仰。"

布洛克又接着追问，问他是否相信上帝，他说："坦白讲，我真的不相信上帝。"

李小龙对这些问题的回答完全可以理解，因为他的哲学富有深度，本质简单。李小龙相信，我们人类可以自我塑造灵魂，逐渐达到宏大永恒的境界。所以，任何有教义的个人或者组织，或者用武术的术语来说，修习所谓至尊门派的人都是在走向错误的方向，在远离灵魂的成长和对自我的认识。李小龙告诉加拿大的记者皮埃尔·伯顿：

> 派别……会把人们分离开来——因为每个派别都有自己的教条，然后这个教条就会变成无法改变的福音真理。但是如果你没有派别，如果你只是说："我就是整个人类的一部分——我如何能完全和完整地表达自己呢？"如果你能做到这一点，你就不会创造派别（因为派别是固定的），而是经历持续成长的过程。

所以，花时间寻找超自然的东西——按照定义，就是超越自然世界的东西——来寻找世界上的问题的答案，就会出现一个古老的问题，我们站在自然之外理解自然，而不是仅仅在自然的范畴之内生活的时候就会遇到这个问题。虽然天上有一个超自然的父亲形象的想法会带给人极大的安慰，吸引着很多西方人，但是李小龙对东方的想法更感兴趣，比如说，跟自己内在的能量循环相联系以及将事物看作量子范畴内能量循环之间的关系。

李小龙的弟弟罗伯特（李振辉）曾经问他是否相信上帝，李小龙回答说："我相信睡觉。"

几年之后，我有机会问到李小龙的儿子李国豪，问他的人生哲学是什么。他想了一会儿，然后嘴上挂着淘气的微笑说："吃，或者去死！"

虽然父子的言论听上去有些油嘴滑舌，但是它们揭示了李小龙哲学有关真实世界的本质，我们生活在这个世界，就应该关心如何处理与我们在这个世界上的生存相关的事情，我们与这个世界上其他人的关系以及与我们生活的环境相关的问题。在这些相互联系，但是又自我约束的关系中，没有什么可以站在自然之外去指挥自然，然而在西方人眼中，神就是站在自然之外去指挥自然的。

我们又回到第三章中李小龙有关观音的类比。身体是一个自我管理的有机体，宇宙仅仅是身体的延伸。所以，宇宙也是一个自我管理的有机体，是一个有机的过程，这一过程被称为"自然"。

所以，维特根斯坦终究还是对的，至少他在描述普遍原则方面是正确的。世界就是它本身（不过，可能他应该明智地不再往前推进）。换句话说，我们作为单个的人，只是被我们称为宇宙的宇宙之轮中一个微小的部分。我们是自然过程的一部分。我们——所有人——都是世界的一部分，不是分离的，不是像在一个四周空无一物的荒岛一样，不在生活之外，也不在云上的王国里。我们跟周围几百万种的生命形式一样，是从这个世界中产生的，我们不可能高于管理世界的自然法则，也不可能独立于自然法则而存在。在这方面，"世界上"的问题的答案都很简单，就像李小龙之前所述的禅学格言一样简单："夏天我们会出汗，冬天我们会冻得发抖。"

我们需要足够的休息，才能达到最好的状态，如果我们吃不饱，就会死亡。

这一切看上去非常简单，因为它们真的很简单。我们要去掉多余的东西，去认识真理，这是一个不断舍弃直到我们理解的过程。有些人无法相信这样的一个观点，因为它太简单了，可能会让人不舒服，有时候会让人很难理解。正如李小龙自己所总结的："要表达简单，确实是一件困难的事情。"

显然，带有神圣安排的至高存在以及宗教的整个假设，处理的并不是这个世界的利害关系，不是流经我们的生活本身。相反，它处理的是灵魂王国的超脱尘世的假设，揭示的是进入灵魂王国的规则和要求。宗教建立在这样一个基础上：宇宙在结构上是君主制的，由犹太教和基督教所共有的神作为天上的父来管理。这样的概念，正如我们在第三章中所学习到的一样，与李小龙对世界的观念背道而驰，李小龙认为世界在本质上是自主的，是由自我来统治的，而且是由相联系的不同部分组成的。

比如说，李小龙认为，我们——我们真正的自我——与其说是被抛入这个世界的，不如说是以跟我们分享这个星球的每一个其他有机体完全相同的方式从这个世界生长出来的。（记住：要了解对这个观点的完整解释，参见本书附录中艾伦·沃茨的随笔《生态禅学》的摘录。）我想再说一次，世界上没有跟体验分离的体验者，思考这种超脱尘世的问题需要思想上的超然态度，它是让我们站在人生边上分析人生的另外一种方式。

李小龙相信，一个人应该简单地过生活——而不是分析生活。分析生活会带来很多让人困扰的问题，而过生活就会让我们成为没有灵魂负担的柳树。为了达到这个目的，李小龙认为，真正的你就是自我（Self，S 要大写），也就是艾伦·沃茨所谓的"宇宙的自我"。在个人存在的最基本层面，人完全不会与正在发生的一切分离开来。

李小龙的哲学提供了一种让人从过度的自我意识中解放出来的方式，所以他才不相信任何宗教，不进行任何仪式，不听从任何权威人物。李小龙提出的只是一个通过纠正自我或者说自我意识的散光而更正灵魂视力的方式。李小龙说："人类必须克服意识——对自我的意识。"

完成这个过程需要一定的时间。李小龙认为，这不仅仅是年龄的问题，也不仅仅是有些人所谓的成熟的问题：

> 世界上没有成熟这回事，只有不断发展的成熟的过程。因为如果有成熟，人就会停滞下来，这就是终点了；但是只有合上棺材盖的那一天，人才会走到终点。在衰老的漫长过程里，你的健康可能会每况愈下，但是你每天都在不断自我觉察。你每天都会增加更多对自己的认识。

成功和人生哲学

李小龙相信，对自我的认识和成功是相互联系的。对自我的认识只是理解周围世界的方法。李小龙认为生命是一个过程，虽然他取得了非凡的成功，在全世界范围内都广受欢迎，但是他的哲学让他在不时变得疯狂的世界中保持了一个清醒的头脑。他在 1973 年上半年写的随笔《又一个演员说出自己的心声》中，表达了这个观点："努力，绝对的努力，是让人不断向前的方式。我们要坚忍不拔地努力，实现自我，没有结束，也没有限制，因为生命是一个不断成长的过程，是一个不断更新的过程。"

那么，成功的关键就在于我们从学习理解自然的方式——以及与之共存——的过程中得到智慧和内在的满足，我们要抛弃一切诡计，虚假的或者无用的知识，谦虚地、真诚地模仿自然无声的秩序，接受自然的智慧和感觉。李小龙时常研读老子，他的理解很好地印证了《道德经》中的这一段话：

> 侯王若能守之，
> 万物将自化。
> 化而欲作，
> 吾将镇之以无名之朴。
> 镇之以无名之朴，
> 夫将不欲。

一群"探索者"：李小龙和他的截拳道学生，包括卡里姆·阿卜杜勒·贾巴尔（美国篮球运动员，在李小龙正后方），李恺（跪在地上第一排最左边）和丹尼·伊诺山度（菲律宾裔美籍武术家，站在李小龙左边）——所有人都在接受训练，"在自己身上寻找无知的原因"。

但是李小龙相信，在我们活着的时候，我们就有义务——如果我们要实现自我——去努力理解自己，发现自己，诚实地表达自己，充分发挥个人的潜力。在这个发展的过程中，真正的进步是可能的。确实，它可能不会永远带给我们太绚丽的成功，不会让我们享誉世界，但是它会给我们带来两件事情——真理和思想的平静。正如李小龙所说："我之前说过'真理在地图上是找不到的'。你的真理跟我的不同。一开始，你可能认为这就是真理，之后又发现了另外一个真理，于是又推翻了之前的真理——但是这一切都把你跟真理拉得更近了。"

被李小龙称为"有品德"的人的价值和本分就是：真诚地、诚实地表达自我，或者说，实现我们个人独特的潜力。这不是一个容易的过程，我们追求自我实现的路上充满了迂回的弯道，它们会让我们走上相反的、实现自我形象的路——我们要彻底避免去追求自我形象。在李小龙生命的最后阶段的一篇随笔中，他表述了下面的思想，解释了他在自我发现的过程中领会的道理：

　　通过切身体会和刻苦的学习，我发现，最伟大的救助就是自救；除了自救之外没有其他救助方式——达到自己的最好状态，把自己完全投入人生的任务之中，这个任务没有终点，是一个不断发展的过程。我在数年之中做了很多。在我的人生过程中，我从改善自我形象转而致力于自我实现，从盲目地追随别人的思想或有组织的真理转而在自己身上寻找无知的原因。

李小龙成功地找到了个人无知的原因，今天的我们也受到他的启发，继续寻找我们自己无知的原因。

第十三章
格斗的艺术——不战而屈人之兵

　　李小龙完成的最后一部电影《龙争虎斗》中有一个精彩的场景，它完美地表达了截拳道艺术和哲学的最高目的。在这个场景中，李小龙在一条从香港驶向一个岛屿的大帆船上，这个岛屿上正在举行残酷的武术锦标赛，锦标赛由韩主持，他曾经是一位少林寺僧人，后来背叛少林寺，走上了犯罪的道路。

　　在帆船上，一个新西兰武术家开始施展拳脚，想吓唬吓唬船上的乘客，这些人中有一些在接下来的锦标赛中会成为他的对手。他开始找甲板上的中国服务员的茬，对他们拳打脚踢。他踢飞了服务员手中的一篮水果，然后又把服务员踢到甲板尽头，之后他把注意力放到了李小龙身上，李小龙正在平静地看着水面尽头的远方。他试图让李小龙跟他决斗，李小龙根本不理睬他。他被激怒了，但是又很好奇，他问李小龙："你是哪个门派的？"

　　李小龙微笑着对他说："我是哪个门派的？你可以把我

的门派叫作不战而屈人之兵的格斗艺术。"

这让武术家很好奇:"不战而屈人之兵的格斗艺术?你耍几招我看看。"

李小龙看到他的对手决意挑衅,意识到必须要采取点行动,就同意了决斗——但是条件是,他们不能在帆船上决斗。"你不觉得我们需要一个更大的地方吗?"李小龙问。

"那我们去哪?"武术家回答道。

李小龙又微笑了,他的眼睛又开始搜寻海面,最后停留在一个海滩上。"那个小岛——海滩上。"李小龙说,他用手指指向帆船上系着的救生艇,"我们可以坐这只船过去"。

武术家点了点头,说:"没问题。"

李小龙开始解救生艇的绳子,武术家上了救生艇。这时候,李小龙把绳子远远地扔出去,让武术家在海上漂了起来。李小龙根本不想跟这个人决斗。他头脑灵活,不用施以一拳一脚就可以赢得胜利。事实上,他就是用"不用格斗的格斗艺术"赢得了战斗。

灵魂的吼叫

我们可以通过在日本击剑艺术中教授的一个类似课程——剑道(kendo)来更加细致地分析这个原则。ken 在日语中是"剑"的意思,do(发音 doe)是"方式"或者"道"的意思。两个词放在一起,这个术语的意思就是"击剑之道"。西方的一些人可能会感到很惊讶，道这么和平的哲学怎么会跟暴力的击剑艺术联系在一起。但是，我们必须记住，所有形式的战争都是阳，它是宇宙中必要且理想的组成部分——当然，它的存在必须由与它互补的阴来平衡。

有趣的是，禅宗传入日本后不久，就成为让人害怕的武士最喜爱的哲学。在好几个世纪里，这些封建武士陷入了日本不同的封建领主之间持久的内战中，一直活在危险之中，内心没有安全感，所以他们学习禅宗，希望在外在的混乱中寻找内心的平静。因此，剑道就深深地浸透了禅学的概念，这在武士的"战吼"（日语是 kiai）一词中显得尤为明显，这种嘶吼是为了从思想上瓦解对手。

你可能对李小龙在电影中发出的战吼很熟悉了。他的电影——至少是使用了真实战吼的电影——都给观众留下了深刻的印象。他会高声吼叫——就像野猫的呜咽加上愤怒的鸟的刺耳尖叫。我记得，几年之前，我的武术老师曾经告诉我，李小龙的嘶吼音调极高，目的是创造一个疯狂的女人和狂野的动物的形象，这两种声音很明显能让对手害怕，让他紧张，我们很快会认识到，这就是应用于格斗的道家元素。

我给大家讲一个故事，一个年迈的中国道家大师临济（在日本被称为 Rinzai），在别人问他"道的意义是什么"的时候，就会一声断喝。不用说，来向他寻求教导的人都会感到很困惑，因为这不是一个人回答问题的典型方式（不过有人设想，著名的剑桥数学家、诺贝尔奖得主伯特兰·罗素可能会喜欢这个玩笑）。但是，这个反应只是临济设的一个陷阱，是为了看看问问题的人是否会震惊，是否会从思想上被瓦解。

同样，李小龙在格斗的时候，也会用同样吓人的吼叫来吓住对手，让他们失去思想上的平衡，从而停下来思考一会儿。李小龙知道，如果他能让对手去思考，对手就会犹豫或者停顿——这种犹豫就会给李小龙所需要的成功攻击以绝佳机会。这个寓意就是，人应该学会融入自然之道——不要犹豫和停顿。所有武术都是如此——截拳道尤为明显，在截拳道中，攻击和防守之间没有任何间隔。好的武术家在格斗中看上去几乎能跟对手一同跳舞，能像一个身体一样去完成动作——直到一个关键时刻：有一方会停下来思考，失去防守能力，最后只能被打败。

这种态度在汉语里叫作莫踟蹰，就是不要有停顿或者犹豫，"勇往直前"的意思。有一首禅诗是献给著名的日本剑客宫本武藏的：

> 在高高举起的剑下，
> 是让你发抖的地狱。
> 但是只要勇往直前，
> 就会走到天堂。

换句话说，你的动作要有流动性，没有停顿或者犹豫，灵活地应对各个时刻。

在李小龙的电影中，当他面对好几个对手的时候尤其可以看到这个特点。李小龙不会犹豫，不会去思考"我要怎样应对这次攻击？"，因为如果他去思考，就会太过于关注某一个对手或者某一边的防守。换句话说，他的思想就会被卡在一个对手身上，这样的话，另外一边的攻击就会让他措手不及。相反，李小龙展示的是培养"灵活的思想"的重要性，思想灵活就是要保持警惕，迅速应对周围的整个环境。

一个有功夫之人的思想是集中的，但是不会只放在对手的特定点上。在跟很多对手格斗的时候这句话尤其准确。有功夫之人的思想无处不在，因为它不会放到任何具体的事物上。就算它跟这个或者那个事物有联系，它也可以保持存在，这是因为它不会仅仅抓住某个事物不放。思想的流动就像水充满整个池塘，它随时都做好了继续流动的准备。它有着取之不尽用之不竭的力量，因为它是自由的；它可以对任何事物敞开，因为它是空的。

换句话说，不论是在格斗中还是在争论中，如果你的思想被束缚在某个特定的点上，你就会被那个点抓住，然后被对手击败。所以一个"灵活的"，或者说不分析的思想不管是对武术家来说，还是对不希望陷入不断解决问题的泥淖中的人而言，都是一个基本的要求。

这个概念在我们之前提到的日本剑术的领域中也可以找到，因为在一个既精通道，又精通剑术的人手中，剑就会变成无暴力抵抗的符号，这实在是一件有趣而又讽刺的事情。事实上，剑道的最高级派别被称为"无剑派"，关于这个派别有一个故事，它可以迅速让我们想起这一章开头提过的《龙争虎斗》中关于"不用格斗的格斗艺术"的场景。

在这个故事中，一个伟大的日本武士乘坐渡船旅行，他们的船正要离岸，一个醉醺醺的、粗暴的武士走上渡船，开始卖弄自己的剑术。

他走到第一个武士面前，问道："你的剑术是什么派别的？"

第一个武士回答："我的派别叫作无剑派。"

这激起了粗暴的武士的兴趣，他轻蔑地说："让我看看什么叫无剑派。"他立刻抽出自己的剑来挑战第一个武士。

第一个武士并没有拔剑应战，而是说："我很高兴能让你看看什么叫无剑派，但是如果我们在这艘船上较量，恐怕会误伤无辜的围观者。我们不妨到那边的小岛上比试一番，如何？"

粗暴的武士同意到岛上比试，他让船夫把船划到岛上。船到达小岛的时候，这个无赖就跳到岛上，他完全做好了战斗的准备，这时候，第一个武士把船桨从船夫手里拿过来，把船划到了深水区，他成功地把醉醺醺的武士困在小岛上，从而打败了他。

"你看，"第一个武士大声说，"这就是无剑派的招数"。

我们可以看到，对李小龙和这位武士来说，格斗的最高艺术就是达到这种思考水平，这样他们就可以在不使用武器的情况下获得完全的胜利。当然，李小龙在截拳道方面也是这么想的。事实上，1971年李小龙在美国上映的电视剧《盲人追凶》中，跟编剧斯特林·西利芬特共同写卜了卜面的一段台词：

> 李小龙，我想让你相信，武术并不只是学习如何保护自己。好几次你在教我的时候，我都感觉我的身体和头脑真的很一致。好玩的是，我在武术中，在格斗中，竟然能感觉到如此平静。不感到任何敌意。几乎就好像如果我了解截拳道，单纯的了解就够了。永远都不需要去使用它。

第十四章
大师之子的教诲

　　我仅仅见过李国豪一次，见面地点是加利福尼亚世纪城的 Prime Ticket 大厦的一个小办公室。让我惊叹的是，这唯一的见面却对我的生活和职业产生了深远的影响。在很多方面，写这本书的种子就是在这次会面时撒下的，因为李国豪——他谈到了灵性，谈到对自我的认识是人类的哲学起点，谈到了他对父亲的截拳道哲学的解读——给我的哲学颜料盒撒上了完全崭新的颜色，这一改变至今仍与我同在。

　　从这几年读者给我写的信判断，我跟李国豪的谈话对看到部分经过编辑的手稿（在几家武术期刊发表过）的人也有类似的影响。我还保留着我们谈话的录音，时不时就会放出来听听，重温一下李国豪在我们谈话的过程中跟我共享的一些深刻见解。现在回顾起这份材料，我想说，李小龙和李国豪有很多的相似点（正如我们期待父亲和儿子会有的一样），但是他们最惊人的相似之处，却是在他们哲学思想的深度上。

　　在那个炎热和潮湿的下午，让我印象尤其深刻的，就是

李国豪，一位"生活的艺术家"。

李国豪绝对真诚的灵魂。他轻松自如地——没有一丝的做作和不自然——在这样一个公开的、深刻的、诚实的层面上和我交流。我永远感谢他给了我这次经历，让我从大师的儿子那里学习到深刻的道理。

但是我好像忘记了什么事情，让我好好想想我们是怎么见面的——或者说，怎么差一点错过见面的。我记得我开车——开得很快——而且好像有些莫名的慌乱——穿过洛杉矶世纪城大概一千条的小街道。

那天上午我最后找到目的地大楼的时候，已经 11 点 15 分了。对我而言，这个时间并不算晚。不幸的是，我应该到的时间是 11 点——11 点整。我又迟到了。

更糟糕的是，我煞费苦心安排会面，自己却迟到了，而李国豪是我从 13 岁开始就想交谈的对象。在我 13 岁时，我刚刚知道李小龙，也知道虽然他英年早逝，但是他的生命力在两个孩子——一个 8 岁的儿子和一个 4 岁的女儿——身上得到了保存。那时候我就知道，有一天我会跟这个男孩见面。在那个年纪，我为什么会如此自信呢？我现在也只能模糊地猜测，但是在 19 年后，在我们的生活终于在圣塔莫尼卡大道的那个小办公室交汇的时候，我仍然这么相信。我应该提到，当时我跟李小龙的"小女孩"李香凝也已经很熟了。（她长大了，成长为一个特别而美丽的女人——一个一流的演员——而这一切都是她自己努力的结果）但是在 1992 年 8 月那一天之前，我长期以来最想见到的人就是李国豪。

那天我进入大楼，得到允许进入接待室之后，李国豪的公关代理人罗宾·鲍姆让我在旁边的一个小房间等待，她去请李国豪出来。就在我忙着为接下来的采访做准备，检查录音机里的电量和写满问题的纸张时，门突然被打开了，李国豪走了进来。我把材料放在占了房间大部分空间的会议桌上，转过头来面对这个我从来没见过的"朋友"。李国豪健步如飞，举止轻松自然，完全是一个活生生的"无为"的代表。我记得很清楚，我非常渴望记住这个见面的时刻，想要记住我们眼神接触的瞬间，以及我们握手时他手掌的触感。我还记得，他敏锐的绿色眼睛让我印象深刻，我以为它们是棕色的（虽然我也不知道我为什么会这么想）。

我记得我们握过手之后有一瞬间的沉默——完全不会让人感觉到不舒服——我们两个人都没有说话，只是把眼神定格在对方身上。我对站在我面前的这个男人有一种奇怪的熟悉感，当然这是因为我一直记录着他事业的进步，透过媒体的眼睛看到他从一个男孩成长为一个男人：勇敢的小李国豪在 9 岁的时候，在父亲西雅图的葬礼上拉着母亲的手想要安慰她；长成骄傲的年轻男子的李国豪参加他父亲最后一部电影《死亡游戏》的首映；最近在媒体眼中，他又成为一颗年轻的新星，做好了在好莱坞开拓出自己一片天地的准备。所有这些形象都呈现在我面前——具象为一个做好了以自己的方式征服世界的年轻人。

李小龙的所有影迷都热切地希望李国豪能走入电影行业。我们非常希望李国豪能够成功，能看到李小龙的薪火在真正能传递它的李国豪手上传递，这样的自私或许可以被原谅。我想，那天我跟李国豪见面的一部分原因，是尽自己的一份力量，帮助李国豪获得从事电影行业所必要的宣传，但是这个想法现在看起来很幼稚。我的采访很可能只是李国豪在一生中同意进行的诸多采访中的一个，而我却赋予它如此重要的价值，实在是有些傻气。不过，虽然有些否定当时的所作所为，但是这不能改变一个事实，那就是：这次会面对我的人生产生了深远的影响。

突然鲍姆又出现了，她建议我们坐在一张大橡木会议桌的两头，在离开之前问我们想不想喝点什么——比如说咖啡。我们都予以肯定的回答。李国豪看着我，微笑着说："我唯一的罪状就是喝的咖啡太多了。"鲍姆离开会议室去帮我们拿富含咖啡因的饮料时，李国豪坐到椅子上，把腿跷起来，完全享受着那天随意穿的白色棉 T 恤和黑色牛仔裤带来的舒适感。

他笑得很轻松，很真诚，全身都散发着自信的气息，一个精通自己技艺（或者说是我们这本书的主题：功夫）的人就是这样。他的头发留得很长，我当时印象很深刻的是，李国豪的身材很轻盈，我估计他可能只有 155 英磅（≈ 70.31 公斤）——但是，他之后就告诉我，他这么瘦是有原因的：

> 我正在为电影《乌鸦》做准备，所以我要把我的体脂降得很低。现在体脂大约在 6%，但是我想要变得非常瘦，而且我还不能减少肌肉量，这样很难，因为这个分寸很难掌握。

我们聊了一会儿，李国豪就开始发表对父亲的截拳道的第一个原则（"研究你自己的经历"）的想法：

> 我非常尊敬我的父亲，但是我跟他非常不同。我在一个不同的国家长大，所以受到的影响也不同。但是，我觉得演戏在很大程度上是我自己追求的一条道路。你知道我父亲过世的时候我才 9 岁，我们从来没有机会进

行有关表演或者对电影的共同欣赏的深入谈话。我有父亲不曾有过的机会来追求表演这个事业，我进入这个行业时比父亲进入这个行业时要年轻很多。

很明显，李国豪没有在寻找一个成功的、可以复制的个性，我们在第十二章已经学习到，这是自我实现的错误途径。相反，李国豪应用了截拳道的第二个原则（"吸收有用的东西"），这个原则跟武术有关——李国豪从小就跟父亲学习武术，他在成长的过程中也发现武术特别有用。

我想武术是我生命中重要的组成部分，它完全来自

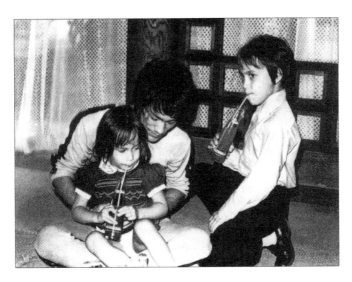

在《死亡游戏》的拍摄现场，李国豪（右）和李香凝去见李小龙。李小龙一家总是在一起。

我父亲……我永远感激他。我的意思是，他在我开始走路的时候就教我武术，有生之年一直都在训练我。甚至在我继续训练的时候，教我的老师也是他的学生。虽然我在武术训练的过程中受到过一些不同的影响，但是从本质上说，武术跟我的父亲紧密联系在一起，这些影响好像也就没有什么不同了。我想，这就是他对我最强大的影响。

李国豪从父亲身上学到了很多，他也意识到，他父亲的思想超越了他的艺术，李小龙号召大家"不断流动"，李国豪也特别注意到这一点，他告诉我："我的武术目标就是不断训练，不断发展，在任何时候都去学习新的事物。"

李国豪还表示，很多人请他参演武术电影，角色跟父亲的角色类似，但是李国豪一眼就看出走这条路的局限。他知道，仅仅去复制父亲，或者让人把他跟父亲作比较，只会遏制自己灵魂和艺术的发展，让他无法在自己的人生道路上发展。

换句话说，李国豪已经决定用第三个原则（"丢弃无用的东西"）拒绝接受这些角色。这么做的目的是向第四个原则——就是我们的黄金法则（"加上专属于你自己的东西"）——发展。他意识到，接受了这样的"来得容易"的钱，就是选择向别人寻找赞同，让他们来决定他，作为一个个体，应该如何发展。李国豪强调了他父亲支持的主题——

"永远做自己，相信自己"——从自己身上，而不要从外界寻求满足。

　　我能告诉你的就是，在你的职业生涯中，或者在你做演员的时候，不要为了贬低别人或者成为别人而去做选择，你不能这样做。你必须基于你自己的勇气、直觉和你的生活来做你自己的工作。

我们渐渐谈到了心理学这个话题。李国豪与我分享了他关于人类境况的更有趣的见解。

　　跟喜欢反驳的人谈话是一种有趣的经历，他们会站在自己固化的视角看待万物。我们看到这样的人，会清楚地了解他为什么而烦恼，但是对于喜欢反驳的人来说，自我就是他们的整个世界，没有它，他们什么都看不见。

他解释说自己刚刚结束电影《激战》的拍摄，吸引他参演这个电影的其中一件事就是，他可以扮演这样一个喜欢反驳的角色：

　　我觉得发生在这个小孩身上最好的一件事就是：他在电影结尾有一个不再执着反驳的机会。我们都有过那种卸下重担的经历，我们会说："哇，现在这件事情变得好简单，我可以从一个不同的角度去看待它了。"在电影一开始，他的确会这样想，我喜欢他这一点，扮演一个年轻的角色——我还要扮演好几年年轻的角色——会很艰难，因为他没有什么经历。一个22岁的男孩会有什么故事要说呢？他本来就没有多少过去。所以做演员才那么有趣，因为当你进入三十岁、四十岁的时候，你就会想："我有更多的故事可讲，更多的经历去供我参考。"但是我演的这个角色确实有些背景。我喜欢整个天安门广场的背景（李国豪的角色会目击自己的父亲死去）。我喜欢在电影一开头有一个真正的问题，但是在电影结尾处又解决了这个问题。

我注意到，李国豪在《激战》中的角色虽然有些凄婉，但是跟他本人还是很相似的——至少，在不再热衷于反驳这方面很相似。在很长一段时间里，李国豪都不能像你我一样，让别人认识到真正的自己。在他人生的大部分时间里，他的名字永远跟"李小龙的儿子"这个描述联系在一起，这给想要找到自己在这个世界上的身份的年轻人带来了不小的麻烦。

请不要把这种麻烦解读为李国豪不以自己的父亲为傲——他的确以父亲为傲，而且也有理由以父亲为傲。事实上，他经常告诉别人父亲对自己的发展有着多么积极的影响，对武术、电影制作和哲学做出了很大的贡献。但是，李小龙知道，他绝对有必要在父亲巨大的影子之外成长。李国豪在成年生活的很长一段时间里，都努力追求实现思想、身体和精神的独立，他最终获得了解放。虽然这听上去有点自相矛盾，但是李国豪确实是通过对父亲的哲学的直接理解和应用，才从父亲的影子中走出来的。

　　你现在可能已经深刻地认识到，这个过程需要他了解自己，表达自己，成为父亲口中所谓的"生活的艺术家"。有趣的是，为了达到这个目的，李国豪选择了跟父亲同样的媒介：武术和电影。李国豪主要关注的是后者，他知道他真正热衷的就是电影。最后，李国豪跟自己的真正本质成为一体，他在电影中诚实地、完整地表达了自己的真正本质。

　　他这么做时找到了平静，接受了本来的自己，包括自己是李小龙的儿子这个事实。事实上，在他生命的最后阶段，他曾公开表示因自己是李小龙的儿子而感到骄傲。换句话说，他肩上的重担——已经通过自我实现这一长期过程——卸下来了。通过自我实现这一过程解决问题是这本书中不断重复出现的主题，也是李小龙和李国豪——虽然他们有着各自独特的个性——在各自的人生中经常汲取的智慧宝库。

　　那天我们一开始谈论武术这个话题，李国豪说的话就开始真正发光。他非常坦诚地跟我分享了他个人的训练项目，以及他怎样把它看成是实现思想和身体的自我认识的方式：

不管是重量训练还是心血管训练，我对筋疲力尽的那个时间点非常感兴趣。我想知道，这种筋疲力尽有多少是身体方面的，又有多少是精神方面的。当你达到那个点的时候，你会说："好了！我再也做不动了"；如果你能真正地挑战自己，比如说，你可以对自己说："有一个人拿着枪指着你母亲的脑袋，对你说'如果你再做一个'——比如说，再做一分钟跳绳——'我就不会扣动扳机，做不了我就会开枪'"——看看你是否能做到！你必须这样努力挑战自己。我发现你必须在某种程度上把这种训练变成游戏，继续做你正在做的、给你带来巨大不适的蠢事。

　　从这种训练中，李国豪了解了自己在思想和身体上的极限，以及他扩大这两种极限的思想力量。李国豪发现，武术不仅仅是自我保护的系统，而且是真正的、深刻的功夫。武术教会他了解自己的身体、情绪、毅力，甚至会让他体验深刻的灵性："在我看来，武术是一种追求，它可以给人提供深刻的、持久的精神体验——如果这个人愿意接受它们的话。"

　　我问他如何从武术这种身体活动中得到灵魂上的启蒙时，他变得口若悬河：

　　可以这么说，在你渐渐精通武术的时候——你在慢慢地学习进步——你就会遇到内心的障碍，这些障碍会让你放弃对武术的追求。这些障碍就是你自己的局限，你意志力的局限，你的能力、你的禀性、你的勇气、你怎样面对成功。随着你将这些局限一一克服，你就会更加了解你自己。而且，有些时候，你对自己的了解，对个人来说，会有特定的灵性意义。

我问李国豪，灵性的意思是不是了解自己的灵魂。他的回答也非常深刻：

是的，但不仅仅是了解自己，还有通过了解自己而达成对他人的了解。我们有时候都是事后诸葛亮，这是一件有趣的事情。你会看到别人经历同样的事情，但只有在你经历过之后，你才会真正地明白事理。我认为只要你继续这么做，其中就有一定的灵性。

有趣的是，你每次遇到真正的障碍，就会又变成一个小孩。再次回到对你正在做的事情一无所知的状态是一种有趣的经历。我相信在这个时候人可以有很多的学习和成长的空间——当然，这需要你直面障碍，而不是说："算了，我去做别的事情好了。"

我们在人生的某个时刻，会开始只追求我们已经知道如何去做的事情。因为你不想要那种不知道自己在做什么，又回到外行人状态的经历。但是我认为这样是不幸的。如果你把自己放到不知道会发生什么的状况中，事情会变得更加有趣，而且通常会让你理解很多事情。而如果你只去做你已经知道结果的事情，人生就会变得比较无趣。

李国豪的话富于智慧，听到他说人在强化生命体验以及增强个人灵性的时候会变成一个小孩，我立刻想到了老子的话：

> 常德不离，
> 复归于婴儿。

跟他的父亲一样，李国豪对人类境况的理解跟他的年龄也有些不符。在我看来，他就像住在年轻人身体里的一个睿智的老哲学家，他就这些话题的谈话让我很感兴趣。在我们的谈话中，李国豪说出了有关父亲非传统的截拳道武术的概念基础的经典想法：

> 有趣的是，当人们在采访时问我，我从属于何种"派别"的时候，我通常会说："我父亲在世的时候创造了截拳道，我接受过截拳道的训练。"因为这样说比较简单。但是，我真正的想法却是，这样说可能太简单了一点，因为截拳道是我父亲对武术的非常个人化的表

达，他自己在去世之前的随笔中说过，如果截拳道在武术世界变成一个议题，人们说它是这个或者那个，或者说"我们要建立一所截拳道学校"，那么，他情愿这个名字被人忘记。因为他从来就不希望截拳道成为神圣不可侵犯之物。他想消灭很多神圣不可侵犯的东西。所以虽然我确实接受过截拳道的训练，但是我说"我练习截拳道"的时候总觉得有点愚蠢。更确切地说，我练习的是我对截拳道的解读。坦诚地说，就跟每个练习截拳道的人一样，这才是我父亲的本意。

丹尼·伊诺山度，我的师傅（20世纪60年代晚期在洛杉矶管理李小龙的第三个武术学校）经常谈论并教授"截拳道的概念"。换句话说，他教授的是武术背后的思维方式，是概念，而不是单纯的技艺。对我来说，这就解释了授人以鱼与授人以渔的区别。你可以给一个人一块地，那么他们拥有的就是那块地；或者你可以教会他们一块地背后的概念，这样你就给了他们一整个思考的领域，他们可以在里面成长和发展。他们会说："我明白了——如果这就是那个概念，很可能就可以在忠实于这个概念的同时，把它用这种或者那种方式表达出来。"这就是截拳道背后的精神。它致力于创造一个努力的、形式自由的武术家。

李小龙自己可能也只能说到这个水平了。

第十五章
路　标

　　1973 年上半年的某个时刻，李小龙给联系他、想要接受截拳道武术哲学指导的年轻人写了一封信。当时，李小龙的工作十分忙碌（制作电影、写作、设计武打动作和参演电影），他没有时间教课。他婉拒了年轻人的要求，说："我没有时间授课，但是我很愿意——在时间允许的情况下——诚实地表达我自己，向你'打开我自己'——以作为你人生路上的路标。"

　　这个年轻人名叫约翰，但是李小龙的建议对任何一个想要追求真理的人都有用处。跟李小龙的个人哲学相一致的是，他意识到，最开明的教学形式，不是去做"真理的给予者"，而是去做"真理的引路人"，用自己的真理作为方法去引导学生，希望他或她最终能找到自己的真理。李小龙又细致地分析道："我的经历会有一定的借鉴作用，但是我坚持认为，艺术——真正的艺术——是无法传授给别人的。而且，艺术也不是装饰，而是一个不断成熟的过程（永远不会到达终点）。"

李小龙相信，通往真理和顿悟的道路，有很多条小路——这也是一种必要。正如我们在前面所提到的，李小龙认为，人与人是不同的，人有不同的需要、欲望和志向，虽然我们有着相同的生物起源，但是个人对个性和真实自我的表达是不一样的。在他写给约翰的信中，李小龙继续说道："约翰，我们有机会相互了解的时候，你会发现，你的思维方式跟我的一定不同。艺术毕竟是获得'个人'自由的方式。你的方式不会跟我的方式相同。"

虽然李小龙写的信可以充当路标，指引我们人生的道路，但这并不是李小龙帮助他的学生成为最好的自己的唯一方式。他是一个热情的作家，会把经过脑海的零星想法记录下来。他经常选择通过中国古老的格言体来表达这些概念：

随变化而变，即为不变。

生活就是不断联系的过程。

不紧张，但是准备充分。不思考，也不幻想。不是墨守成规，而是灵活多变。从不安的限制中解脱出来。完全地、安静地生活，意识清晰，充满警觉，做好应对一切的准备。

人是富有创造性的，比任何派别或者系统都要重要得多。

❦

只有个体的经历和生活才能获得有益的真理；这种真理超越方法和条规。

❦

光是知道是不够的，必须加以运用；光是希望是不够的，非去做不可。

❦

一个好的老师会防止学生受到自己的错误影响。

❦

真正的进步需要简单。

❦

意志是人的根本——成功需要毅力。

❦

头脑空白，才会废话连篇。

❦

如果每个人都能帮助自己的邻居，就没有人会缺乏帮助。

❦

昨天的梦想经常是明天的现实。

如果你想要让自己的工作令人满意，就应该在完成任务后再多做一点点。

❦

悲观主义会削弱成功所需要的工具。

❦

乐观主义是会带人走向成功的信仰。

❦

目标并不总是能够达到，它只是我们前行的方向。

❦

失败的一个重要原因就是缺乏专注力。

❦

愚蠢的人会错把炫耀当作荣耀。

❦

如果你不想在明天出差错，今天就脚踏实地吧。

❦

自我教育成就伟人。

❦

如果你认为一件事情做不成，你就把它变成了不可能的事情。

❦

如果你热爱生命，就不要浪费时间，因为生命是由时间组成的。

在无趣的日常生活和沟通方面，李小龙也不乏有趣的见解。我们用李小龙写给约翰的信的最后几句话来结束这一章，希望这最后的路标可以帮助你完善和实现自己的灵魂目标：

不管我们能不能见面，你都要记住：艺术"生活"在绝对自由的地方。当训练动作能随心所欲，完全没有"自我"的存在，截拳道艺术就达到完美的境界了。

第十六章
武术之为寓言——李小龙的电影

用李小龙的学生李恺的话来讲，李小龙是一个"大师级的老师"。他永远在努力学习关于自己以及周围的世界的新知识。他觉得有必要跟他的朋友和学生分享他获得的知识。武术界流传着很多故事：很多人去李小龙在贝莱尔的家中拜访他，都会全神贯注地听李小龙讲述格斗、禅学和人类关系的见解，一直到凌晨。

李小龙开始从事电影制作的时候，选择用电影作为媒介，就各种哲学原则的知识（在此之前，大众都没有思考过这些原则）来教育广大观众，这并不足为奇。1973年上半年李小龙在接受报纸《香港虎报》的采访中也这么说：

> 是时候对这里（香港）的电影作出改变了。香港电影里没有足够多有灵魂的、坚定的、投入的、专业的演员。我相信我在东南亚已经有了一席之地。这里的观众需要教育，而教育他们的人必须是一个负责任的人。我

们面对的是大众，我们的语言必须是他们能够听懂的语言。我们必须一步步地教育他们，不可能一夜之间就完成工作。我能不能成功还有待时间来证明。但是我不只是感觉愿意付出，而是真的愿意付出。

为了达到这个目的，李小龙努力把东方文化传递给西方观众，他相信恐惧和冲突都来自无知，而无知可以通过教育消除。比如说，在李小龙的时代，武术表面上是亚洲的艺术，但是如果西方观众觉得武术有趣，可能会对产生这些艺术的亚洲文化另眼相看。同样，东方的观众也可能会从电影中学习到，至少西方的某些艺术样式也是有价值的。

李小龙投入教育的结果就是：我们可以从他的每一部电影中学习到一些东西。正如李小龙所说："我希望能在这里（香港）制作出多层面的电影——你可以按照自己的喜好只看表面，或者看到更深层次的内容。"

随着他越来越成功，越来越受欢迎，制作人和导演也在电影中给了他更多的创造和表达自我的自由。我们可以从李小龙的每部电影中学习到新的内容，所以观众才百看不厌。我想展现给大家的是李小龙四部已经完成的电影中揭示的深刻的哲理，我推断，如果李小龙完成了《死亡游戏》，又会教给我们新东西——他一直想把《死亡游戏》做成一部展示他截拳道艺术和哲学的电影。

《唐山大兄》(1971)

根据李小龙的朋友和弟子丹尼·伊诺山度所说，李小龙在用《唐山大兄》来教授大规模格斗的正确方法：

> 如果你研究李小龙格斗的场景，就会注意到，他一开始会狠狠地攻击领头羊，目的就是把领头羊或者最好的格斗手揪出来，用最暴力的方法攻击他，让整个团队在心理上受到威胁。带着轻蔑的表情舔自己的血也是让对手在心理上害怕的花招。如果幸运，对手及其整个团队会士气低落，溃不成军。如果运气不好，就要退到一边，创造每次只跟一个人格斗的局面。

这部电影教会观众的并不只是格斗，还有更深层次的东西。这就要追溯到道家的无心概念了。无心并不是思想空白、没有任何情绪的状态，也不是简单的思想平静的状态。这些品质当然也非常重要，但是无心的真正意思是：不停下来分析经历、事物或者情境的状态。在真正的无心状态中，人不会刻意努力地去做什么，他会接受每分每秒发生的事情，并且迅速作出反应。比如说，当李小龙被多名进攻者包围的时候，他会有一种平静的、超然的意识。这种好似无足轻重的、不明确的意识就是道的延伸。这种意识无法被教授，它必须靠个人来领悟。我们通过观察人应对道的真正本质的方式，就可以看到这种意识带来的全部影响：

> 功夫中的专注力并不是让人把注意力放到单个物体上，而是安静地意识到当下发生的所有事情的状态。这种专注力可以用足球赛上的观众来阐释：观众不会只关注带球的球员，而是会关注整个足球场。与此类似，功夫之人的思想不会停留在对手的某个特定部分上。跟很多对手格斗的时候尤其是如此。

最后的结果就是，李小龙可以自然地、迅速地对对手的动作或者攻击作出回应——就像声音的回声一样。换句话说，他在格斗中能保持一个超然的思想，所以才能够获胜。

这部电影传达的另外一种智慧就是："死亡的艺术"，也就是从死亡——或者说失去生命——的恐惧中脱离的艺术。在电影的高潮部分，李小龙发现他的亲人都被残忍地杀害之后，他神情恍惚，走到附近的河岸坐下，思考自己的人生以及如今的状态。他突然跳起来，把他的随身物品——象征着他跟"这个世界"最后的联系——扔到河里，有效地把自己跟俗世的事物分离开来。

随后他就不再惧怕个人的得失，甚至不害怕失去自己的生命，因为他已经接受自己是个死人了——死人没有什么好失去的。然后他就可以去惩罚杀害他家人的人，而不会被个人的担心或者束缚所阻碍。他已经学会了死亡的艺术。引用

《盲人追凶》中李小龙的一句台词："接受失败——学习死亡——就会从死亡中解脱。"

当李小龙的角色接受死亡之时，他获得了解放和重生，他知道自己不再是宇宙海洋中无力的、孤独的帆船，而是跟整个过程融为一体的一部分。正如埃德温·阿诺德所说："放弃小我，就会跟宇宙成为一体。"

《精武门》(1971)

在这部电影中，李小龙表达了格斗的几个教诲，还发表了对种族主义和道德价值的意见。他试图进入的上海公园门前竖着一块臭名昭著的牌子："华人与狗不得入内。"种族主义在这时候出现了。李小龙的核心信念就是："普天之下，所有人都是一家人。"门卫不让他进去，然后又侮辱他，他采取了行动，指出人类不应该宽容褊狭之举。换句话说，把其他种族降低到跟狗一样的地位，长期这么做会让人付出沉重的代价。

这部电影还揭示，自由地表达自我的个人可以超越信仰系统，在这部电影中，由日本的空手道和俄罗斯的摔跤代表的信仰系统。大多数派别都存在固有的信念，认为其民族起源或思想体系独特而优越，所以其艺术和实践者是不可战胜的，但这是完全没有根据的。李小龙在电影中说明，格斗的成功取决于个人——更重要的是，取决于个人的意志力。他曾经告诉过一个记者：

> 你必须有完全的决心。你能遇到的最可怕的对手就
> 是执着地要完成自己目标的人。比如说，如果一个人决
> 定，无论如何也要把你的鼻子咬下来，那他很可能就会
> 成功。他可能也会伤得很严重，但是这不会阻碍他完成
> 自己的目标。这才是真正的战士。

可以说在李小龙所有的电影中，他都教观众以德报德、
以直报怨的儒家思想。夺去别人的生命在道德上是一个错误
的行为，所以李小龙通过电影教育大家，人要为自己的行为
负责——要愿意为谋杀付出代价——不管这种罪恶有多么正
当的理由。实际上这是李小龙融入所有电影的主题。在李小
龙最后主演的电影《龙争虎斗》的剧本中，原先有一个没有
出现在荧屏的场景。他让角色说出了下面的台词："一个武
术家要对自己的行为负责，要面对自己行为的后果。"

在电影《精武门》中，日本武士一再羞辱和杀害李小龙
的亲人，李小龙因着正义消灭了他们。但是，他意识到，他
这么做也会带走别人的生命——在道德上是错误的。李小龙
的角色陈真意识到了这一点，他勇敢地接受了惩罚（在电影
最后一幕，他勇敢地面对了执行死刑的射击队）。李小龙对
同一个记者评论了这个画面：

李小龙在《精武门》中临死前的腾空跃起。"按照中国传统",这个结局是非常光荣的。

　　我认为我们不能渲染暴力，渲染暴力是不健康的……我们不能把暴力和攻击当作电影的主题。赞美暴力不是一件好事。所以我才会坚持让我在《精武门》(在北美上映时的名字叫作 *The Chinese Connection*[①]) 中的角色陈真最后在电影中死去。他杀了很多人，所以要为此付出代价。

　　但是，李小龙在电影中还教会大家，我们不能违背事理，不能选择放弃我们真正的本质或者发展，即使这种自然

---

① 《精武门》曾用过 *Fist of Fury* 这个英文名。——编者注

发展的代价是死亡。1971年李小龙在跟他的朋友和学生李恺打电话的时候谈到了这个问题的道德意义。

> **李小龙：** 在电影结尾，我在枪弹中死去。但是我死得很值得，我是为精武门而死，为中国人而死。我走出嘉禾电影院，说："去你的，我来了！"我跳到半空中，摄影师锁住这个画面，然后，啪啪啪啪啪啪——砰！——就像《虎豹小霸王》的结尾一样——只不过摄影师固定画面的时候我还在半空中。
>
> **李恺：** 这个角色死得非常光荣。
>
> **李小龙：** 没错——根据中国的传统，他确实死得非常光荣。

换句话说，为了实现你的终极潜力，不能害怕行动的后果。

《猛龙过江》（1972）

这部电影给出的最主要信息就是，我们应该不遗余力地避免狭隘的思想。在这部电影的其中一个场景中，李小龙看到几个人在一条小巷子里练习日本空手道。他问把他带到巷子里的年轻人是否也练习空手道。年轻人摇了摇头。"我不练，"他轻蔑地说，"这是日本的东西！"这个年轻人是中国人，他对于在本质上非中国的东西都不感兴趣。

李小龙责备他思想狭隘："如果它能在你陷入困境的时候帮助你，你就应该学习去使用它。它来自哪个国家并不重要。你应该知道这一点。"

这部电影的剧本是李小龙写的，所以它表达的是李小龙截拳道的个人哲学：我们处在不断学习的过程中，任何声称有所有问题答案的派别或者系统都是错误的。在这种情况下，每种艺术都有可以学习的地方，没有任何一种艺术可以为所有人提供答案。

李小龙还强调，要让对手接受你的节奏，而不要让他来决定你的节奏，这一点非常重要。在李小龙设计的他跟罗

罗礼士在《猛龙过江》中败在李小龙手下，因为他思考的是"现实应该是什么"，而不是"现实是什么"。

礼士的经典格斗场景中，李小龙发现自己快要输了，立刻把自己的节奏带入格斗之中，让罗礼士跟随他的节奏，由于罗礼士的派别太过死板——还因为这是他学过的唯一一个派别——他不知道如何走出来，不知道如何适应眼前的局面，所以他失败了。李小龙曾经跟《华盛顿明星报》的记者这样说道："问题是，具体的情境会告诉我们要做什么。但是太多人看到的不是'现实是什么'，而是'现实应该是什么。'"

李小龙在这部电影中的观点是，最终会赢得胜利的武术派别就是"没有派别"。换句话说，世界上不应该有任何方法，因为方法只会限制个人。相反，我们应该有选择和使用方法的自由。用李小龙的话来说："世界上只应该有有效的工具。最高级的艺术就是没有艺术。最好的形式就是没有形式。"

在李小龙跟罗礼士的最后一场格斗中，李小龙饰演的唐龙没有其他选择，只能杀死罗礼士饰演的柯尔特。李小龙通过表情和手势表示，他不想带走这条生命。相反，柯尔特——虽然一开始是被人雇用的——在李小龙占上风的时候，他完全可以举起双手投降，但他选择继续战斗，选择接受可能的死亡。

如果选择光荣地死去，也是值得尊重的。柯尔特最后的行为是高贵的，因为它们出自有道德的、诚实的意图。唐龙在带走柯尔特的生命之后，把柯尔特的空手道道服的上衣和黑带（在他们格斗之前被摘下）放到柯尔特的身体上，这一举动象征着：他的对手的灵魂是值得尊敬的。

通过这一举动，李小龙想传递的信息是：如果一个人真诚地相信自己的信仰——就算他在生死关头是你的对手，那他也是值得尊敬的。如果一个人只说你想听的话，为之战斗的并不是他们所相信的思想，而只是为了钱财，那么他们就不值得尊敬。但是如果一个人做错了，却真诚地相信自己是正确的，就跟这部电影中罗礼士的角色一样——那么他的行为反映的就是灵魂的纯洁和正直，这两种品质都是值得我们尊敬的。

这个主张——真诚的自我表达——叮能比这部电影教授的其他所有主张都要重要。美国记者埃利克斯·本·布洛克让李小龙透露电影的情节，李小龙是这样说的："这部电影的情节很简单，讲的是一个农村男孩来到一个语言不通的地方，但是最后却因为他真诚而质朴地表达自我，取得了最后的成功。"

布洛克接着问他："在你的电影里，你会表达自己吗？"李小龙回答道："会，我会诚实地、尽量地表达自己。"

李小龙在这方面无疑是成功的——在这部电影中尤其是如此。

《龙争虎斗》（1973）

我们可以从这部电影中学到的一个关键教诲就是第十三

"就像用手指着月亮。不要把注意力集中在手指上，否则你就会错失月亮的光华！"李小龙在华纳兄弟轰动一时的电影《龙争虎斗》中对自己的年轻学生这样说。

章的主题："不用格斗的格斗艺术"，所以我在这里就不再赘述了。李小龙在《龙争虎斗》中传授的另外一个教导——也是他个人最喜欢的教导——真诚的自我表达的需要。

在电影一开始，画面中的李小龙就在指导一个年轻的武术学生。

"踢我，"李小龙说，他做出截拳道的防御姿势。年轻人侧踢了一下，但是这个动作徒有其表，毫无实质，他希望用一定的形式和灵活性给李小龙留下深刻印象。在这方面，他完全误解了李小龙的意图。

"这是什么？"李小龙问，"表演吗？"

李小龙试着向年轻人传递这样一个概念：成为技艺，而不要站在技艺之外去欣赏。换句话说，真正的满足，应该是在你能够用身体表达最深层的感受和情绪，且来自你的内心。

"你要用心去做，"李小龙说，"再试一次。"

这一次年轻人怒火中烧。他想给指导老师留下深刻印象，但其努力明显没有奏效，现在他的态度是："你不喜欢这个动作，那等着看我下面这一脚是怎么踢到你身上的吧。"他又侧踢了一下，但是因为这一脚是带着愤怒踢的，李小龙很快就识破了他的意图，很轻松地躲过了。

"我说的是用心去踢——不是用愤怒！"李小龙告诫年轻的学生，"再试一次——跟着我的动作而动。"

换句话说，年轻人的踢腿应该是对李小龙动作的自然和本能的反应——就像跟随声音的回声一样。年轻人把李小龙的话听了进去，他又侧踢了两下，这两次踢腿都不是装模作样踢出来的。它们简单而直接——直中要害。虽然李小龙还是躲过了它们，但是他承认年轻人有了进步。

"这就对了！"李小龙激动地说，这让年轻人喜笑颜开，他觉得自己终于达到了老师的要求。

"你感觉怎么样？"李小龙问。

这个问题对年轻人的影响就像问一只蜈蚣用那么多条腿如何走路一样。年轻人想要为自己争取一些时间，回答道："让我想想……"李小龙突然在他头顶上重重地弹了一下，好让他停止思考，回到当下，回到现在。

"不要去思考——要去感受！就像用手指着月亮"，李小龙解释说，他注意到年轻人看的是手指而不是月亮，他又在他的额头上弹了一下，把他带回了现实。

"不要把注意力集中在手指上，否则你就会错失月亮的光华。"

这里的寓意就是，不要把漂亮的形式误认为是真正的实质，不要让极端的情绪决定你对某个情境的反应。相反，你要在对手出现疏漏的一瞬间，让你的动作自然而然地发生，成为你纯净自我的"真实"而"诚实"的表达。

换句话说，你可以说对手"造成"了你的反应，因为你的反应几乎是自然而然的。这又是关于无心的另外一个教训——不要把注意力固定在某个物体上，也不要允许任何思想过程阻碍你对所经历的事情作出自然的反应。李小龙想要在他和一个少林寺老僧人拍的场景中进一步阐释这个道理。但是这个场景——典型的好莱坞的原因——在最终呈现的电影中被剪掉了，因为制片方害怕西方观众无法理解。幸运的是，在李小龙个人的手稿中，他写下了他为这个不幸被剪掉的场景所创造的对话：

老僧人：你的技艺现在已经不是技术的问题，而是灵魂洞察力和训练的问题。我想问你几个问题。在打斗时，你对对手的直接感觉是什么？

李小龙：我没有"对手"。

老僧人（以期待更多回答的语气）：为什么呢？

李小龙：因为"我"根本不存在。

老僧人：（为学生有这样的领悟而感到高兴）：是的！？

李小龙：所以当一个人的头脑里没有冲突这个观念的时候，当一个人忘记了思想这个词的时候，这种无心的状态就是最高雅的。对手进，我就退，对手退，我就进。这时候就有机会了：格斗的不是"我"（李小龙举起拳头），而是"它"。

在这部电影中——李小龙还提示，有必要精通各种格斗方式，比如踢腿、拳击、摔打、扣锁、扫腿等。在最后的格斗场景中，李小龙强调，不管你有多精通徒手格斗，都要学习跟武器格斗，因为不是每个人都会选择公平格斗。李小龙还用几个镜头展示：有时候你需要做出一些牺牲才能获得成功。

当然，李小龙在随笔中也揭示了这一点：

忘记胜利和失败，忘记尊严和痛苦。让对手擦伤你的皮肤，你却打伤他的身体；让他打伤你的身体，你却让他的骨头断裂；让他打碎你的骨头，你带走他的生命！不要想着安全地逃离——把你的生命放在对手面前！

《死亡游戏》是一部讲述"能屈能伸"的智慧的电影。李小龙在调节自己，适应在 1972 年 10 月拍摄最开始的格斗场景中出现的一个大障碍（与卡里姆·阿卜杜勒·贾巴尔对打）。

《死亡游戏》（1978 年上映）

李小龙在完成这部电影之前就去世了，我们只能猜想他希望通过这部电影传达的信息。当然，最后剪切粘贴的《死亡游戏》并没有展现李小龙想传授的教诲。我们知道李小龙拍了一个小时的镜头，悲哀的是，最后上映的电影只用了其中的 15 分钟。但是我们依然可以微笑着思考李小龙可能想传达的信息。

李小龙希望这部电影能展示他截拳道的武术哲学，在这方面，这部电影一定是精彩的。他希望传达古老的阴 / 阳功夫哲学，这可以教会大家为了生存学会能屈能伸的智慧——

面对困难，不要迎头而上。学习如何抓住对手防守的漏洞，就像水一样，会随着形势而变化。（在第六章一开始，我们就讨论了他想要什么样的电影开场，不过这个开场并没有拍摄。我们还谈到了他如何希望把电影作为媒介，通过普通人看来简单的故事，来揭示深刻的真理。）

虽然李小龙只完成了四部电影，但是我们可以看到，他在每部电影中都试图传递一种寓意、一个教诲，希望能给观众带来有持久价值的东西。正是这种能力把李小龙跟其他的武术家区分开来，进而也把李小龙跟试图在大银幕上取代他的武术家区分开来。李小龙是一位哲学家／老师，他的人生和职业反映了他的喜好。

当然，这种诚实地表达自己的能力在他的每一部电影中都有体现。正是这种通过电影的媒介表达自己的潜力吸引了李小龙来做这个行业。美国记者问到他是否喜欢当演员，李小龙回答说："我很喜欢——因为这是我表达自己的方式。"

李小龙敢于忠实地表达自己在于自己内心强大（我认为他内心住着一个强大的武士），根据李小龙所说，通过电影传达出来的，让人心悦诚服的这种基本的、纯净的和诚实的情绪，是观众跟他有共鸣的主要原因：

> 我内心有一个强烈的感受，我认为只要我相信自己所做的事情，观众也就会相信，我需要让我的行为介于现实和幻想之间。只要我做的事情是精彩的，只要我内

心的感受依然那么强烈，就不会有任何问题。

　　虽然李小龙已经不在人世，不会再传授我们新的智慧，但是我们还是很幸运，因为通过他留下的随笔、录音和电影，我们获得的智慧仍然有着持久的影响力。虽然他已经逝去，但是他还在继续用他短暂的一生中所享有的威信来指导他人。他一定会继续指导、启示和激发几代的年轻人，让他们实现个人的解放。

　　李小龙的遗产会通过那些第一次分享他的智慧的个人传达给整个时代的人。

第十七章
依照自己的方法

　　丹尼·伊诺山度是李小龙的第一批弟子，是李小龙选择在洛杉矶开办的第三所，也是最后一所学校中教授武术的学生。他对李小龙的武术哲学更广泛的应用有一些明智的见解。"截拳道，"他说，"对李小龙来说本身并不是目的，也不仅仅是他武术研究的副产品；它是自我发现的方法。截拳道是个人成长的良药。它是对自由——在格斗和生活中自然而有效地作出行动的自由——的研究。在生活中，我们会吸收有用的东西，拒绝无用的东西，然后加上独属于我们自己的经历。"

　　伊诺山度把李小龙的截拳道的信条运用于日常生活中，让自己的生活变得更加完整和丰富。但是这种现象并不是只出现在伊诺山度这种高级的武术家身上。我们在这本书一开头就提到过，来自社会各界的人都受到李小龙的哲学和世界观的影响，并且因此受益。我最近跟埃利克斯·本·布洛克有一次关于李小龙的谈话，他谈到了李小龙对他人生的影响。布洛克是《好莱坞报道》的编辑。他在 1972 年访问了李小龙，后来根据这次访谈写出了美国第一本有关李小龙的书《李小龙传奇》，这本书于 1974 年出版。

我问布洛克从李小龙的谈话中学到了什么，他想了一会儿，然后回答说："在我采访他之前，我以为他就是那种典型的电影明星，浅薄，没什么深度，油嘴滑舌。但是在我采访他的短暂时间里，我就意识到，他走过的路很艰辛，面对过很多偏见、失败和困难。有时候还会面临金钱上的烦恼，他对很多事情都有自己的想法。他有自己的哲学，这种哲学来自对自己人生过程的透彻思考。他会说：'你不必逆来顺受。你可以回到人生的起点，变成一张白纸，把旧的东西、新的东西和独创的东西结合在一起，创造出独属于你自己的东西。'所以我对他印象十分深刻。而当我开始看他的电影时，这种印象就更加深刻了，因为我意识到他可以把这种艺术传达到大银幕上。"

布洛克接着又说，他的人生，跟伊诺山度、黄锦铭和无数跟李小龙接触的个人一样，发生了美好的变化："我很难把访谈与研究、与我写的书、与他带给我的经历，以及与我遇到和接触的人区分开来。这些都给了我很多启发，我从中学到了很多。而且它们真正地以各种各样的方式触及了我的生活。"布洛克的经历并不独特，但是它确实阐释了李小龙以及他所支持的哲学是如何持久地影响社会各界人士的。

那么对你来说，李小龙的哲学又是什么呢？这个问题只有你能回答，正如你所读到的一样，它在很大程度上要取决于你在生活中追求的是什么。

李小龙故意不给后人留下可以让所有人实现自我启蒙的蓝图或者适用于所有人的系统，因为自我启蒙是个人的事情。如果你采用别人的方法或者复制他们的生活方式，你就只能理解在别人追求真理的道路上对他们有效的方式。

如果你真正理解李小龙的思想，就会意识到，他的方式就是没有方式，他的方法就是没有方法。事实上，李小龙为自己的截拳道艺术设计的图标也包含着中国字，这几个字表达了他的哲学的教义："以无法为有法，以无限为有限。"

李小龙的哲学强调，我们不应该以未来的美好生活为代价，沉溺在过去的传统里。他的哲学结合了一切有关人的幸福的形式——不管是漂亮的雕像还是美丽的诗歌——甚至是从武术或者职业中所获得的喜悦——他的哲学还教会我们如何整合知识，让自己变得更好、更多产。你会对社会产生积极的、创造性的影响——不是因为社会"要求"你这么做，而是因为这就是你真实的本质。

遵从"水之道"，或者说，道是一个让人解放的过程，这个过程的结果就是，你会活得更好，会发展出更好的人际关系，会学会按照诚实、正直和相互理解的美德去生活，让我们在更加复杂和艰难的宇宙中更好地相处和共存。

所以你能从李小龙的哲学中学到什么呢？如果你能把这几页纸中介绍的哲学加以应用，就能更清楚地看到这个字

"你的灵感会继续指引我们走向个人的解放。"
在李小龙位于华盛顿西雅图湖景公墓的墓碑上，刻着这句令
人伤心的，但是又非常中肯的铭文。

宙以及你在其中的位置。你不会希望拥有什么，也不会希望
被人拥有。你不会再觊觎天堂，也不会害怕地狱。你不会用
偏见去判断别人。如果你能克服自己这个障碍，你就会认识
到，你的内心就藏有医治痛苦的良药。你会理解，除非你
开始燃烧自己，点亮自己的蜡烛，否则你永远无法找到内
心的光。

如果你在这个过程中感到气馁，不妨想想李小龙在他
最亲密的朋友木村武之历经患难之后给他写的一封信中的
话语：

> 生命是一个不断流动的过程，在这个旅途中，可能
> 会发生一些不愉快的事情——它会给你留下疤痕——但

是生活还是会继续，像流动的水一样，一旦停滞，就会腐化。勇敢地向前走吧，我的朋友，因为每次经历都会给我们带来经验和教训。

最重要的是，记住李小龙希望传递给他儿子的一个教诲："向前走。"

附 录

生态禅学

艾伦·沃茨

（由马克·沃茨介绍）

把哲学跟武术结合，或者更准确地说，弥合我们文化观点的分歧是李小龙一生工作的特点，这让他的艺术不断往前发展。但是同时，重新整合会把我们带回一个在现代社会中明显缺失的、几乎快被遗忘的仪式——进入成年期的传统仪式。

在大多数古老的文化中，这个仪式都是由身体和灵魂的训练组成的，以测试或者"神的启示"结束，这些测试和"神的启示"是为了测试新手的价值，给人一种在人生旅途中把灵魂和身体结合起来的刺激性经历。有了这个仪式，个人就会对与其法则相吻合的灵魂和文化负责，不同的法则有不同的名称，如达摩、真理、自我意识、秩序（rta）、道、梦和伟大的灵魂。人们对远东国家解放的方式越来越感兴趣，我们借助这些方式认识到了最初始的人的普通智慧。（请注意：武术作为成人仪式是在《无心之道》这篇文章中得到完整揭示的。这篇文章是我父亲在 20 世纪 60 年代早期从他跟李小龙的对话中抄录下来的，它在这本书中第一次出现。)

今天我们最明亮的一束希望之光就是，随着西方人对东方思想越来越感兴趣，人类会重新实现整合，跟自然重新融合。人类可能会觉醒，会认识到：有关这个世界的统一的系统观念会加速可持续技术的发展，而可持续技术的发展会巩固东方快速增长的工业基础。我们最好的期待就是，在分离的思想带来不可协调的行动，破坏关乎所有生命存亡的有机体和环境的平衡之前，这个过程可以植根于世界。

当科学家开始认真地关注人类和事物的行为时，就会发现，人类和事物是一致的，有机体的行为和环境的行为是不可分割的。我们以为个人和环境是分离的，但实际上，它们跟前后、正面反面、起起伏伏以及生死一样，是融合的。你不能把它们分开。所以个人和背景之间就有某种隐秘的联合：它们其实是一体的，只不过看上去不同而已。它们需要彼此，正如男人需要女人，女人需要男人一样。但是我们完全没有意识到这一点。所以，生物学家才会说，他所描述的不再仅仅是有机体和它的行为。他描述的是被他称为"有机体/环境"的这个领域，这个领域才是个人真实的存在。现在，各种科学都承认了这一事实，但是普通的个人，尤其是普通的科学家，并没有跟他的理论相符合的感受。他还感觉自己就像是被锁在皮肤里的一个感知中心。

佛教的目的，或者说心理训练的方法，就是要把这种情绪摊开来，创造一种个人感觉自己是一切存在之物的状态。整个宇宙都在这里表达自己，而你也是整个宇宙，会在各处表达自己。换句话说，从根本上来说自我并不存在于皮肤里，而是存在于一切事物之中。同样，海洋上有波浪的时候，波浪并不是跟海洋分离的。每一个波浪之拍打，意味着整个海洋在波动。海洋会说："哟呼——我来了。我可以用各种方式波动。我可以这样波动或者那样波动。"所以，"存在的海洋"会让我们每一个人波动，我们就是它的波浪，但是波浪从根本上说就是海洋。

用这种方式，你的身份感就会被倒置。你不会忘记自己是谁——你会记得你的名字和地址、你的电话号码、你的社保号码和你在社会中应该扮演什么样的角色。但是你会知道，你扮演的这种特定角色和你的特定身份只是表面的，而真正的你是世界上的一切事物。这种倒转，或者说身份感的倒置以及普通人所拥有的意识状态就是佛教戒律的目的。

现在，我想这里有一个对西方世界来说非常重要的东西。西方人发展出了极其强大的技术，改变物理宇宙的方式比以往任何时候都要强大。但是我们要如何来运用这种技术呢？中国有一句谚语：如果正确的方法被错误的人使用，也会产生错误的效果。运用这种技术的会是什么样的人呢？是讨厌自然、跟自然疏远的人呢，还是热爱物理世界，认为物理世界是他们自己身体的人？

以技术来战胜世界的态度只会破坏世界，而我们现在正在这么做。我们会用荒谬的、无知的、目光短浅的方法来杀死害虫，促使我们的水果和西红柿快速生长，把山上的树木都砍光，还以为这是一种进步。事实上，这种做法正在把一切变成一个巨大的垃圾堆。有人说美国人处在技术进步的前沿，是物质主义者，这跟现实相去甚远。

美国文化憎恨物质，而且要把它们变成垃圾。看看我们的城市。它们看上去是由热爱物质的人建造的吗？每个建筑都是由巴黎的灰泥、混凝纸和塑料胶结合而成的低廉材料做成的。

我们要学习的一个重要功课就是，技术和它的力量必须由真正的物质主义者来使用。真正的物质主义者是热爱物质的人——他们会珍惜木头、石头、小麦、鸡蛋、动物以及最重要的地球——他们会用人的身体所应得的尊敬来对待一切。

（我们在使用这篇随笔之前，获得了马克·沃茨和塔托出版社的允许。这篇随笔出自塔托出版社 1995 年在波士顿出版的《亚洲的哲学》一书。）

无心之道

艾伦·沃茨

阐释中国人口中的无心——日本人称为 mushin（不固定的思想）——概念的意义，最好的办法可能就是通过禅学在日本剑道中的应用。一些读者可能会知道，日本的剑道，翻译过来就是"击剑之道"。这门艺术是由日本武士和看上去很可怕的剑来完成的，禅学会给武士带来勇气，所以他们把它应用于击剑的艺术。

如果你要跟日本剑道大师学习剑术，大师不会从一开始就给你一把剑，告诉你如何使用。相反，他会先让你当门卫。你需要做所有的杂务，比如说扫地、收拾床铺、洗碗等。在你做这些事情的时候，大师就会拿出一把叫作竹刀的练习剑，这把剑的剑身是由松柔地绑在一起的六个竹片做成的，你被它击中时，虽然它会噼啪作响，但是至少不会伤害到你。可怜的学徒在做家务的时候，老师就会拿着竹刀偷偷靠近，趁其不备猛地敲打他的头。

小伙子要用手上的任何东西保护自己，如果他手上有一个炖锅，就用炖锅做武器，如果他在收拾靠垫，就要用靠垫保护自己。老师会无处不在，会在学生意想不到的时候在他头上猛敲一下。过了一段时间之后，可怜的年轻人就要四处留意，防备着老师突袭。如果他在走廊上，就要做好准备，以防老师从前面的转角处出来，但是就在他做好应对准备的时候——啪——他又被从身后出现的老师敲了一下。

经过一段时间之后，就只有两种可能性了：学徒要不然就精神崩溃，放弃剑道；要么他会学到一些教训。

那么他会学到什么呢？他会学到，老师永远比他聪明，他永远无法为意外的袭击做好准备，所以他会放弃控制局面，放弃做准备。换句话说，他的态度就是："我可能会被老师敲到，也可能不会。"他不再关心是否会被袭击到——这时候——老师就会让他练习剑，对他说："你可以开始学习剑术了。"

如果你面对着很多袭击者，不知道下一次袭击会来自哪个方向，如果你试图做准备，或者准备好应对某一个人，你就会发现，突然之间，你需要应对另外一个想要伤害你的人。你所有的准备全无效果，要应对第二个攻击者，你就需要从第一个反击计划中撤出来。但是如果你能灵活应对，让你的思想放松下来，不要只关注某一个方向，你就做好了向任何方向进攻的准备，不管攻击来自哪个方向，你都可以灵活应对。

同样，禅学会让你明白，你无法完全控制整个的生活情境。换句话说，你不能完全掌控自己。

李小龙的主要作品

1940—1958 年，出演至少 20 部儿童电影。他的第一部电影在旧金山拍摄（当时他出生才 3 个月），电影名为《金门女》。他出演的其他电影还包括《人类的诞生》（拍摄于 1946 年）、《细路祥》、《父之过》和《雷雨》。他儿童时期参演的最后一部电影叫作《人海孤鸿》，于 1958 年在香港拍摄。

1963 年，编写和出版一本有关功夫艺术的书，叫作《李小龙基本中国拳法——自卫的哲学艺术》。原书只印了 500 本。

1966 年 9 月 9 日—1967 年 7 月 14 日，出演电视剧《青蜂侠》。他拍摄了 26 集，电视剧每周五晚 7∶30 到 8∶00 在 ABC 频道播出。

1967 年 1 月 27 日，在分为上下集的 ABC 频道电视剧《蝙蝠侠》中扮演加藤。

1967 年 7 月 14 日，拍摄一集《轮椅神探》（电视剧）。

1968 年 7 月 5 日，担任电影《破坏部队》的技术指导，

《破坏部队》是一部营地间谍恶搞电影，迪安·马丁在里面扮演特警马特·海姆。

1968年8月1日，为米高梅公司拍摄电影《丑闻喋血》。这部电影一开始叫《小妹妹》，由雷蒙德·钱德勒的同名小说改编而成。在这部电影中，詹姆斯·加纳扮演菲利普·马洛，其中有一个惊艳的场景：李小龙独自走进并破坏了加纳的办公室，毁坏的物品包括一盏枝形吊灯，李小龙从1.6米之外用一个竖踢踢碎了它。

1968年11月12日，为环球唱片拍摄一集《可爱的女人》（电视剧）。

1968年11月15—22日。为幕宝电影公司拍摄一集《新娘驾到》（电视剧），这集电视剧的名字叫作《中国式婚姻》，李小龙在里面扮演一个重要的配角，而且这个角色不是武术家。

1969年4月16—24日，担任哥伦比亚影业的电影《春雨漫步》高潮部分的打斗场景的技术指导。

1971年7月12日，到泰国的北冲县（Pak Chong）为嘉禾电影拍摄《唐山大兄》。1971年9月6日回到洛杉矶。这部电影奠定了李小龙作为一个有魅力的电影人的地位，创下了香港的票房纪录。

1971年7月7日，李小龙又拍摄了三集《盲人追凶》，分别叫作《死亡的遗产》、《星期三小孩》和《盲人说：我看见了》。

1971 年 11 月 9 日。参加皮埃尔·波顿的访谈节目，这次访谈叫作《遗失的访谈》。这是现在仅存的李小龙的视频采访。

1971 年，完成第二部电影——嘉禾电影公司的《精武门》。它打破了《唐山大兄》创下的票房纪录。李小龙也因此成为民族英雄。

1972 年，与嘉禾电影的创始人邹文怀创立自己的制作公司——协和公司。去罗马拍摄电影《猛龙过江》，跟罗礼士共同出演。（李小龙在《破坏部队》拍摄期间也给了查克工作）这部电影创下了新的票房纪录。

1972 年，开始拍摄一部有关哲学/武术的格斗系列电影，名叫《死亡游戏》。但是拍摄被打断，李小龙开始拍摄下一部电影，由红杉和协和公司为华纳共同制作。

1973 年，拍摄《龙争虎斗》，这部电影仍然被认为是武术的经典之作。

1973 年 7 月 20 日。在香港去世。

1973 年 8 月《龙争虎斗》上映，赢得了全世界的热情关注。虽然这部电影是在 8 月上映的，但是它的票房超过了那一年上映的除《驱魔人》之外的所有电影。它的制作成本只有 50 万美元，但是随后吸金 3 亿美元。

1974 年，在李小龙去世之后一年的时间，《青蜂侠》的三集被放到一起，在影院上映。

1975 年，琳达把丈夫关于格斗方法、理论和哲学的观点结集成书并出版，取名《截拳道之道》。

1978 年秋天，李小龙的最后一部电影《死亡游戏》被重新编写和拍摄，用李小龙的替身和真人大小的纸板人。这部电影制作粗糙，虽然李小龙曾拍摄了 1 个小时的胶片，但是只用到了 15 分钟。粗糙的改编和平庸的替身破坏了这部电影的剧本。虽然这部电影的宣传语是"献给李小龙的礼物"，悲哀的是，它并没有那么优秀。但是，由于李小龙享誉全球，它赢得了 3 亿美元的票房。

1993 年 11 月李小龙跟皮埃尔·波顿的视频访谈在加拿大广播中心的档案室里被发现，保存完整。不久，它就以《李小龙：遗失的访谈》这个名字被发布。它很快被李小龙的粉丝称为历史性的胜利，被认为是李小龙拍摄的最引人入胜的电影，因为李小龙并没有刻意扮演一个角色，而是简单地在做自己。

李小龙的主要工作

1940 年 11 月 27 日，旧金山。李小龙于卯时（上午的 5 点到 7 点之间）在唐人街的积臣街医院出生，他的父亲是李海泉，母亲是何金棠。他母亲给他取名李振藩（"再次返回"），相信他有一天还会回到美国。医院的护士又给他起了另外一个名字。最后，大家都叫他的小名——小凤，这是个女性化的名字。（根据中国传统，他的父母在儿子出生的时候用女孩的名字叫他，这样就可以让可能偷走他灵魂的鬼魂不知道他是男是女，因而无法偷去他的灵魂。）

1941 年 2 月，旧金山。李小龙出生才 3 个月，就出演了第一部电影。他很快有了一个小名——"坐不住"。

1946 年，香港。出演了第一部"真正"的电影——《一个男孩的生涯》。当时他才 6 岁。8 岁的时候，他又拍摄了第二部电影。在这部电影中，他第一次用李小龙这个名字——后来他在香港以及东南亚所有的华语电影院里名噪天下时，用的就是这个名字。在 18 岁之前，他在香港参演的电影超过

20 部。他未成年时参演的最后一部电影叫作《孤儿》。

1953 年，香港。在中国的小学毕业后，李小龙进入喇沙书院学习，他很快就对这所天主教中学（他的儿子李国豪后来上的也是这所学校）的繁文缛节感到厌倦。虽然他聪明机智，但是成绩一直不好。他最爱的课后活动就是跟英国的男孩打架。

1953 年，香港。李小龙声称自己在学校被同学"欺负"，开始跟武术大师叶问学习咏春拳。他母亲要为每节课支付 12 港币的学费。李小龙第一次跟香港的黑社会打架，因他拒绝向一个黑社会头目的儿子低头，并狠狠地把他揍了一顿。他不断跟人打架，父母开始为他担心。

1958 年，香港。18 岁，被认为是"香港恰恰舞冠军"。他在钱包里的一张卡片上记录了 108 种不同的舞步。

1958 年 2 月 28 日，香港。被"请出"喇沙书院后，进入圣芳济中学学习。在这里，李小龙被布拉德·肯尼说服，参加了学校间的拳击竞赛。他把西方的拳击和咏春拳结合在一起，彻底打败了连续三年卫冕的——英皇佐治五世学校的盖里·埃尔姆斯。

1959 年 4 月 29 日，香港。李小龙接受一所竞技性功夫学校的成员的挑战，在香港的一个屋顶上格斗。李小龙脱下外套的时候，被对手冷不丁地袭击，他被激怒，把对手打到昏迷，又打落了他的一颗牙齿。小男孩的父母向学校投诉。李小龙的父亲李海泉这时候出面了，他决定把李小龙带回旧金山。

1959 年 5 月 17 日，旧金山。李小龙 18 年前在这里出生之后，还是第一次来到旧金山（他在从香港到旧金山的途中教授恰恰舞）。旅途持续了 18 天，这是李小龙深刻反省和调整自己的时期。

1959 年 9 月 3 日，西雅图。第一次到达西雅图。很快，李小龙就进入爱迪生技术学校（秋季入学），完成高中学业。爱迪生技术学校的几个学生看到他在西雅图海洋节盛典上的表现之后，开始拥护他。

1960 年，西雅图。被日本的黑带空手道选手挑战。李小龙在早期发表有关功夫的演讲时，他的武术观点受到这个空手道选手的攻击，他一开始并不在意他的挑战，但是最后终于失去耐心，同意在基督教青年会用"没有规则"的方法跟这个男人格斗。格斗仅仅持续了 11 秒，李小龙一记直拳就把他打到体育馆的尽头。这个人后来要求成为李小龙的学生。

1960 年 12 月，西雅图。从爱迪生技术学校毕业。

1961 年 3 月 27 日，西雅图。进入华盛顿大学（春季入学）学习。入学不久，他就遇到了后来成为他妻子的 17 岁的琳达·埃默里。李小龙主修哲学。他会做有关功夫和中国哲学的演讲，还自己出版了第一本书：《李小龙基本中国拳法：自卫的哲学艺术》。

1963 年 3 月 26 日，西雅图。在美国生活四年之后，启程去香港。

1963 年 8 月，西雅图。从香港回到西雅图。

1964 年，西雅图。在春季离开华盛顿大学。

1964 年 7 月 19 日，西雅图。离开西雅图，去往加利福尼亚州的奥克兰。

1964 年 8 月 3 日，奥克兰。开始教授功夫。

1964 年 8 月 17 日，西雅图。跟琳达·埃默里结婚。

1964 年，奥克兰。因为教授高加索人武术而受到中国社区里顶级的武术家的挑战。虽然李小龙在 3 分钟内就制服了他，但他还是很生气，因为他觉得 3 分钟太长了，而且他在制服武术家之后感觉到很疲惫。他开始重新审视武术的"传统"方法。

1964 年 8 月 2 日，加利福尼亚，长滩市。李小龙在艾德·帕克的长滩国际空手道锦标赛中进行表演。帕克把他的表现录了下来，并把录像带寄给了《蝙蝠侠》的制作人威廉·多齐尔的发型设计师杰·赛百灵。威廉·多齐尔在为一个新的电视试验节目——《1 号儿子》——寻找演员，李小龙参加了 20 世纪福克斯电影公司的试镜，但是这个节目后来并没有播出。

1965 年，洛杉矶。威廉·多齐尔付给李小龙 1800 美元定金，李小龙一直工作到第二年《青蜂侠》开始拍摄之前。

1965 年 2 月 1 日，奥克兰。琳达生下儿子李国豪，李小龙成为爸爸。李小龙把李国豪描述为"加利福尼亚唯一金发蓝眼的中国人"。

1965 年 2 月 8 日，香港。李小龙的父亲去世。

1965 年 7 月，香港。带儿子回香港探亲。在香港，李小龙开始认真地发展他的武术观点，为最终革命性的武术方法——截拳道——的初始概念奠定基础。

1966 年 6 月 6 日，好莱坞。开始拍摄一部新的电视剧——《青蜂侠》。李小龙在电视上的第一个角色就是青蜂侠的随从和司机加藤。他收到了无数的粉丝信件，在美国的儿童中大受欢迎，不过，这部电视剧只拍摄了一季就取消了。

1967 年 2 月 5 日，洛杉矶。在唐人街开"振藩国术馆"。

1967 年 5 月 6 日，华盛顿。在美国空手道锦标赛上表演。

1967 年 6 月 24 日，纽约。出现在麦迪逊广场花园的全美空手道公开锦标赛上。

1967 年 7 月 30 日，加利福尼亚长滩。出席长滩国际空手道锦标赛。

1968 年 3 月，洛杉矶。开始教授个人课程。他的一些学生是名人，每小时要交 250 美元的学费。他的学生名单就像洛杉矶的名人录：史蒂夫·麦昆、詹姆斯·柯本、李·马文、詹姆斯·加纳、卡里姆·阿卜杜勒·贾巴尔、斯特林·西利芬特和导演罗曼·波兰斯基。

1968 年，洛杉矶。找到工作——电影《破坏部队》的技术指导。

1968 年，洛杉矶。开始完成他的武术哲学——他称为截拳道——的概念框架。截拳道强调的是精简的动作和武术表达的自由。

1968—1969 年，好莱坞。偶尔接到电影和电视剧的角色，包括《丑闻喋血》、《可爱的女人》和《新娘驾到》，但是好莱坞种族歧视严重，没能让李小龙取得他心目中向往的成功。

1969 年 4 月 19 日，圣莫尼卡。李小龙和琳达的女儿——李香凝——出生。

1969—1970 年，好莱坞。跟斯特林·西利芬特和詹姆斯·柯本合作编写《无声箫》的剧本，这部电影建立在李小龙武术哲学的基础上。但是，华纳兄弟决定，只有在印度（他们有些钱还套在印度）拍摄这部电影，他们才会提供资金。不幸的是，印度方面并没有与斯特林·西利芬特和詹姆斯·柯本同样的理念，后来他们撤出了这个项目。

1971 年 6 月 27 日，洛杉矶。出现在编剧斯特林·西利芬特所写的试验电视剧——派拉蒙影视公司的《盲人追凶》中。这一集的名字叫作《截拳道》，李小龙扮演的是一个配角，是盲人私人侦探的老师。观众对李小龙的角色反响强烈，派拉蒙影视公司又写了三集，考虑专门为李小龙创作一个电视剧集。

1971 年，洛杉矶。跟编剧赛里方（Fred Weintraub）见面，计划发展一个叫作《武士》（后来改名为《功夫》）的电视剧的概念。李小龙决定在香港寻找一些机会。

1971 年，香港。《青蜂侠》在香港再次上映，李小龙以国际巨星的身份到达香港。一个新的制作公司的老板——邹文怀——竭力让李小龙参演他的电影。他让李小龙在《唐山大兄》这部电影中扮演主角。

1971 年 7 月，泰国。开始在泰国拍摄电影《唐山大兄》。在泰国呵叻府北冲县的拍摄仅仅花了 10 万美元。电影在香港上映后好评如潮，深受观众欢迎。在第一次上映时就获得了 320 万美元的票房。

1971 年 12 月 7 日。正式接到通知，《武士》这部电视剧中的主角角色给了舞者／演员戴维·卡拉丹，因为好莱坞的制作人认为李小龙太过中国化，恐怕无法为西方观众所接受。

1971 年 12 月 9 日，香港。跟加拿大记者皮埃尔·波顿录制历史性的《遗失的访谈》。这是他唯一一次在完整的半个小时内谈到自己的人生、艺术和职业。这次访谈在加拿大的安大略播出后，录像带就被毁坏了。

1972 年，香港。李小龙的第二部电影《精武门》（在美国上映的名字叫作 *The Chinese Connection*），这部电影的制作成本是 20 万美元，它打破了《唐山大兄》的票房纪录。在新加坡，2 美元的电影票可以被黄牛党炒到 45 美元，为了缓解交通阻塞，电影院不得不取消电影的放映。在菲律宾，为了给国内电影上映的机会，《精武门》被禁止上映。最后，李小龙一生中拍摄的前两部电影票房超过了 2000 万美元。

1972 年，香港。为了自己创造、编写、导演和出演的电影，他拒绝了罗维导演《黄面老虎》的剧本。这部电影暂时叫作《龙争虎斗》，后来更名为《猛龙过江》（李小龙去世后

在美国上映时叫作 *Return of the Dragon*），成为他的第三部电影。它打破了香港之前所有的票房纪录。

1972 年，香港。李小龙宣布，他下一个剧本的名字叫作《死亡游戏》，这部电影讲的是世界上最伟大的武术大师。他开始进行这部电影的初期工作，录制了几个场景，其中包括他跟 NBA 超级明星卡里姆·阿卜杜勒·贾巴尔的对手戏。

1972 年，好莱坞。李小龙跟华纳兄弟签下合约，拍摄《龙争虎斗》。在《死亡游戏》完成之前，这部电影就是美国和中国香港电影业合作的第一部作品。

1973 年 2 月，香港。开始制作《龙争虎斗》。这时候李小龙无论什么时候出现在公共场合，都会被粉丝包围，他也会像后期的比利小子一样，受到想要成名的武术家的挑战。他会忽略大多数的挑战，但是对方得寸进尺的时候，他就会将对方彻底打败。

1973 年 4 月，香港。完成电影《龙争虎斗》的制作。在进行特别的预映时（没有加音乐和任何的特效），李小龙就意识到这部电影会让他成为国际巨星。

1973 年 5 月 10 日，香港。在《龙争虎斗》刚刚开始上映时，李小龙的身体就垮掉了。他开始抽搐，昏迷了过去，立刻就由救护车送往医院，医生检查出脑肿胀，并且开了降低脑肿胀的药。李小龙又飞到加利福尼亚接受加州大学洛杉矶分校的医疗团队的检查。团队宣布他身体完全健康，跟"18 岁的小伙子一样"。

1973 年 7 月 20 日，香港。由于脑水肿去世，死因写的是意外事故。突发的脑肿胀是由于对镇静剂（在治疗腰部疼痛的药中含有的止痛成分）和止痛药（像阿司匹林一样的头疼药）的结合产生过敏反应而引起的。

1973 年 7 月 25 日，香港。考虑到李小龙的家人、朋友和影迷，香港为他举行了一场仪式性的葬礼。在葬礼过程中，2.5 万人把九龙围得水泄不通。

1973 年 7 月 31 日，西雅图。葬在湖景公墓。他的棺侧送葬者是他的朋友和学生，包括史蒂夫·麦昆、詹姆斯·柯本、丹尼·伊诺山度、陈华贵、木村武之和他的弟弟李振辉。

浙江省版权局著作权合同登记图字：11—2014—252